明治三十九年の農場日誌

球磨農業学校農場日誌編集委員会編

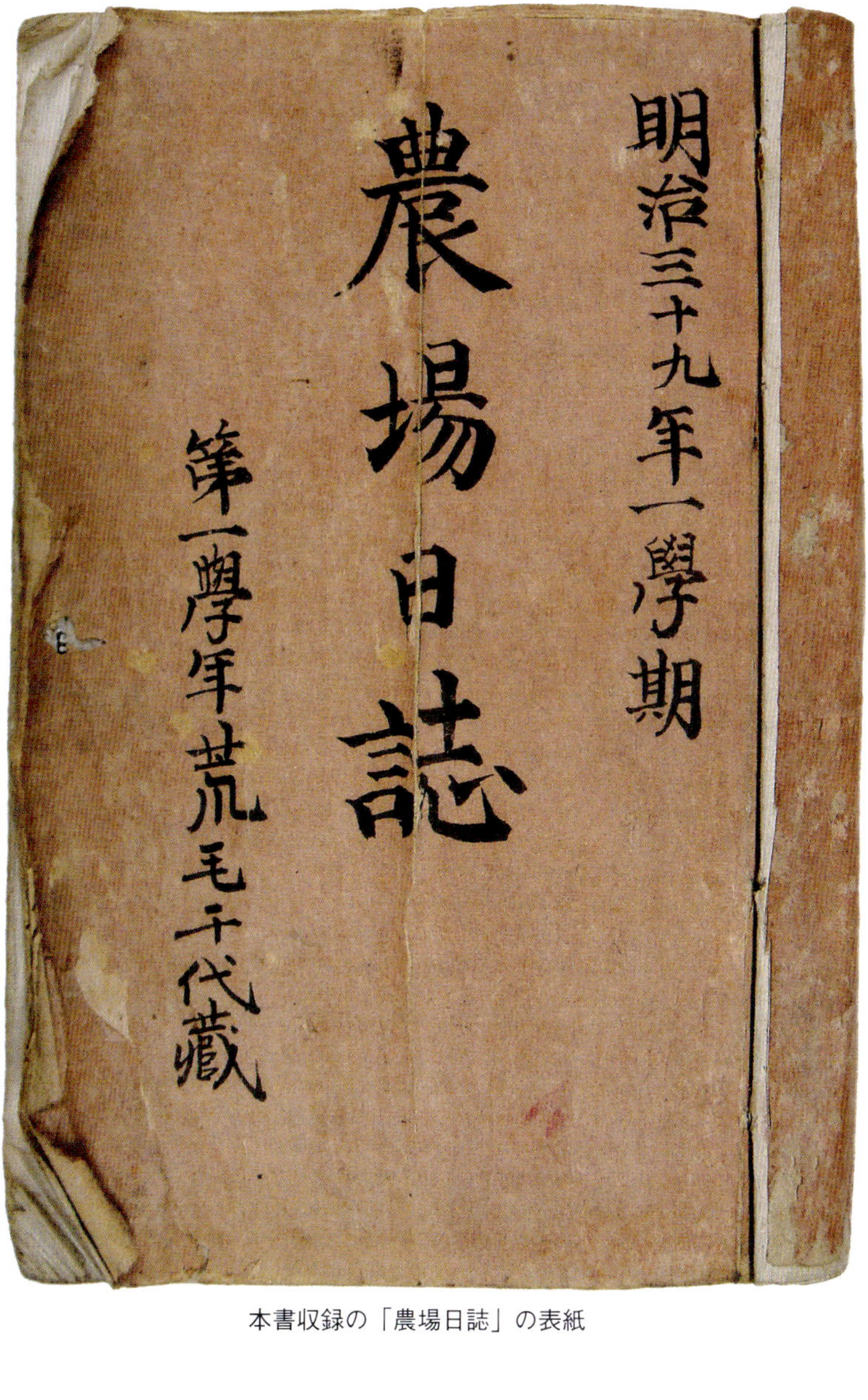

本書収録の「農場日誌」の表紙

球磨農業学校創立当時の校門と本館（『国本』第２号より）

第１回卒業生（明治39年３月）

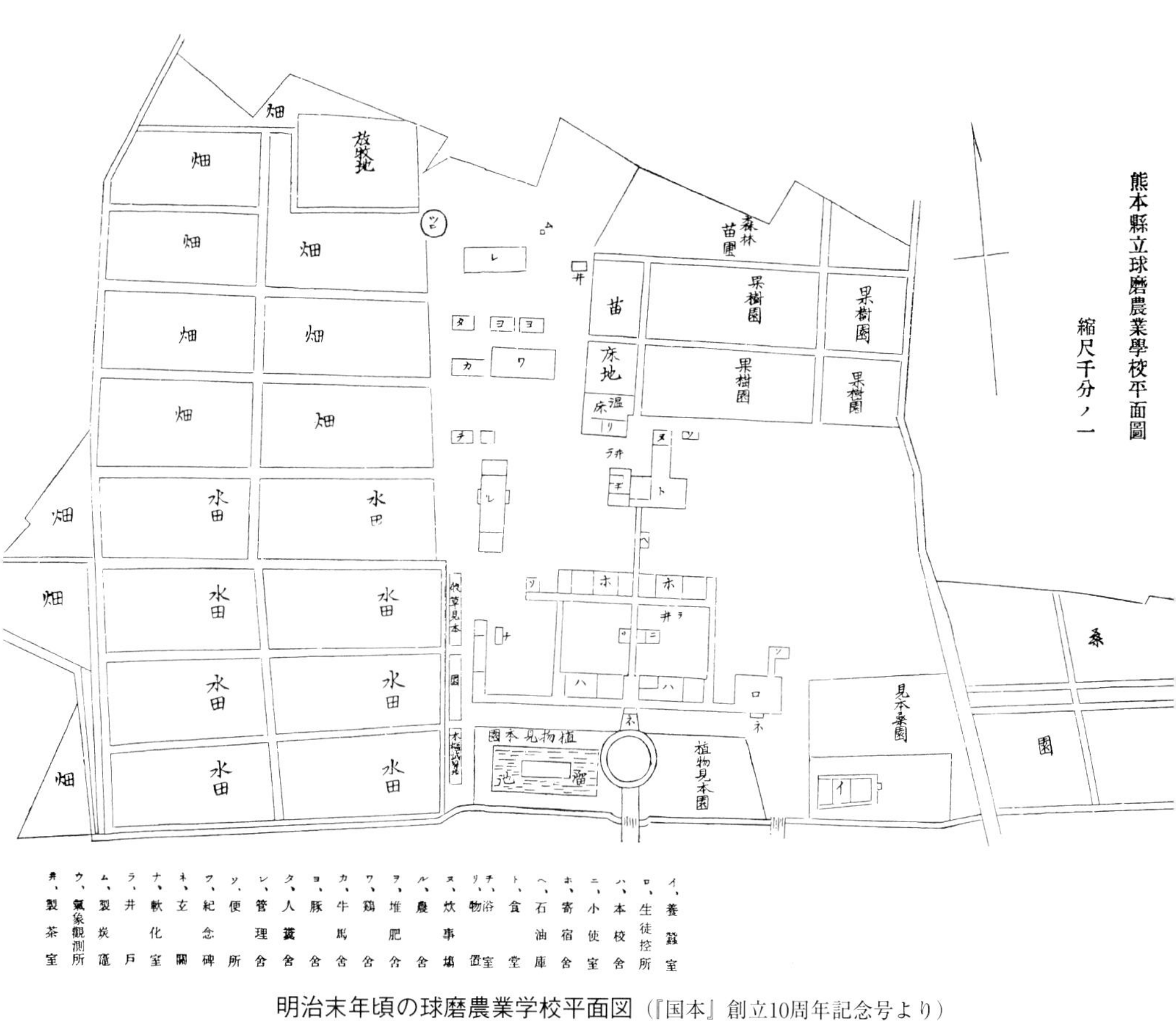

明治末年頃の球磨農業学校平面図（『国本』創立10周年記念号より）

「農場日誌」の記述をもとに南稜高校校門脇に再現された「百年前の花壇」

はじめに

我が国の第一次産業、就中、農林業を取り巻く客観情勢が厳しさを増す中にあって、全国の農業関係高等学校に在っては学校長の指導のもと、危機の打開へ向けて真摯な取り組みを展開しているところです。

さて、私ども熊本県立南稜高等学校は、平成十年に校名変更するまでは球磨農業高校、さらにさかのぼって戦前は球磨農業学校として、明治三十六年の創立以来、一〇五年の歴史を重ねてきました。とくに開校以来六代にわたる校長の内五人は札幌農学校出身者がその任に当たりました。彼らは、クラーク博士の教育精神の影響を強く受けており、その縁もあって大正七年六月二十六日には、新渡戸稲造博士（明治十五年札幌農学校卒業、同年同校予科教授に就任）が講演のため本校を訪れています。

本校第四回生に荒毛千代蔵氏（のち森岡姓、明治三十九年四月入学～四十二年三月卒業）がいます。氏は本校卒業後すぐ台湾大目降糖業試験場に勤務し、大正十一年には地元球磨郡一武村の種畜育成所技手、大正十五年には熊本県八代郡千丁村の産業技手を務め、最終的には八代市において柑橘園を経営したとのことですが、同氏によって書き残されたのが、今回活字化に取り組んだ「農場日誌」であり、書かれて以来、すでに百年の歳月が流れています。

日誌は三年分、約一千頁からなっていますが、「農場日誌」という形で日々の実習の詳細を丹念に記録させるという教育指導方針は、札幌農学校の伝統を引き継ぐものと思われます。当時十五、六歳の少年によるものとは思えぬほど、授業・実習について実に詳細に記され、実験・観察についてもそのデータが細かに記録されています。和紙に毛筆という、当時の記録様式が如何に時間の経過に耐えうるものであったかということにも改めて驚かされます。カメラやコピー機の無い当時、高度な写生能力が求められていたことも伺えます。

今回、なかでも詳細に記述されている第一学年次の部分について活字化に取り組み、本校同窓会から物心両面の支援を受け、教師九名、生徒二名とで二年四カ月をかけましてようやく出版にまでたどり着くことが出来ました。専門用語等については脚注を付け、現代の高校生にはやや難解と思われる副詞、形容詞等につきましては一部平易な形に改めました。また尺貫法に基づく記述については、原則的にそのつどメートル法に基づき換算して併記しました。

作業を通じて、日誌の内容のあまりの充実ぶりに、その後の百年間の農業教育は一体何だったのか、という感想さえ抱きそうになりました。時代は、穀物自給率二八％という異常とも言うべき低さ、「命」「食」「生きる力」の大切さを義務教育にとどまらず、高等学校においても声高に叫ばなければならないほどに混乱の極に達しています。だからこそ、混迷の二十一世紀初頭を生きる我々は、先人の智恵にこそ学ぶ必要があります。折しも、有機農業の意義がクローズアップされつつある今日、完全有機農法が行われていた百年前の農業学校における農業の授業、実習について克明につづられたこの「農場日誌」は、大きな今日的意義を有するものと確信するところです。本書を一読されればそのことを十分ご理解いただけるものと思います。

なお、本「農場日誌」が持つ学問的な意義について、東京農業大学の友田清彦教授に解題をお願いしました。日誌には、明治期の農業学校に学んだ青年のひたむきな誠実さ、旺盛な向学心、作業の緻密さ、農業者を目指す者としての誇り、そして親兄妹、郷土、国家へのほとばしるほどの熱情等々が文面の端々に溢れています。多くの方々、特に農業関係高等学校に学ぶ生徒諸君に読んでいただくことを切に望むものであります。

平成二十年一月

熊本県立南稜高等学校校長　片岡正実

目次

はじめに ………… i
農場日誌 ………… 1
第一学期（明治三十九年四月十九日〜） 3
第二学期（明治三十九年七月十九日〜） 125
第三学期（明治四十　年一月十七日〜） 194
解題　『農場日誌』の時代背景（友田清彦） ………… 223
——明治農政と明治農法の展開過程——
おわりに ………… 233

明治三十九年の農場日誌

明治三十九年四月十九日～明治四十年三月六日

【記録者】熊本県立球磨農業学校一年　荒毛千代蔵

明治三十九年　四月十九日木曜始め（一枚破棄）

中道より北は裸麦にして普通栽培品種は「こびんかたげ」。下種十一月十八日。肥料は原肥　堆肥二百貫（750㎏）、油粕八貫（30㎏）、過燐酸石灰五貫（18．75㎏）、追肥　木灰五貫（18．75㎏）、下肥五十貫（187．5㎏）使用せり。右、燕麦は高きところは二尺三寸（69㎝）程あり。然るに東畑なると比すれば不結果なること一割以上ならん。麦も亦然り、つまり、これは新開墾地なれば肥料一致せずして或るところには肥料を良く吸収し、或るところは反対す。ゆえに随ってその作物も一体不結果ならんと思ふ。その次ぎに東京大長牛蒡《ごぼう》あり。四月四日下種にして芽ようやく出で始めたり。そのまた北側に「ひともじ」四畦ありて七、八寸（21～24㎝）に成長す。

気象

配当

明治三十九年　四月二十日　金曜

晴天　朝寒くして昼大いに暖かし

一学年　第一組　免田川より砂運搬

同　第二組　農舎の整理

同　第三組　果樹園附属地整理

同　第四組　西畑除草

二学年　第一、二、三、四組　皆柿畑打起こし

三学年　第一組　農談準備

観察

同　第二、三組　麦作成育調査

同　第四組　輪栽調査

右の外、大和、片瀬、福島君は植物標本製作実習。

第一号田に於ける第一学年水田小麦競作は、供試種早小麦にして十一月十三日下種せり。肥料は本校普通小麦作肥料なり。成長は平均可良なれども中央はやや不良なり。

第三号田には窒素肥料同価試験。目的、本試験は、三十六年以降の継続試験に属す。その目的とするところは基本肥料として堆肥二百貫（７５０kg）、過燐酸石灰五貫（１８．７５kg）、木灰五貫（１８．７５kg）を施しその成育の状況、品質、収量を比較し、翌年度、水稲該試験と照合して最も利益多き窒素肥料を採択せんとするにあり。供試験類早小麦、下種十一月十一日なり。右同価試験項目は左の如し。

基本肥料窒素同価試験。人糞尿区、大豆粕区、日本油粕区、醤油粕区、焼酎粕区、毛髪区、鶏糞区。

その内、焼酎粕区は甚だ青色を帯び、成長すこぶる盛なり。

醤油粕区、大豆粕区はそれに次ぎて大きくなれり。

日本油粕区、毛髪区は普通の成育なり。

人糞尿区、鶏糞区は成育不良なり。鶏糞区は殊に不良にして黄色を帯び普通のものより平均二寸（６㎝）ばかり短し。右八区とも穂四、五穂宛出づ。

業事

農夫は男一人女一人にて、午前中は東番外の馬耙、午後は馬鈴薯植ふる準備をなせり。

※大和…大和甚作　明治四十年三月卒業。（本校三回生）

※片瀬…片瀬　繁　明治四十年三月卒業。（本校三回生）

※福島…福島重喜　明治四十一年三月卒業。（本校四回生）

※馬耙…地ならし

気象観察

明治三十九年　四月二十一日　土曜
晴天　午後五時頃より風荒く少々曇りたり。夜に至り雨降る。
第三号田の中、燐酸肥料同価試験。
目的　本試験は、三十六年度以降の継続試験に属し、水稲麦作に対し最も利益多き燐酸肥料を選択せんがため施行するものなり。その要項左の如し。
一、基本肥料　堆肥二百貫（７５０㎏）、人糞尿五十貫（１８７．５㎏）、木灰五貫目（１８．７５㎏）。
一、供試験　各区一円に相当する分量。
一、供試験種類　小麦、早小麦。
一、下種十一月十一日。
燐酸同価試験は左の如し。

基本肥料区、米糠区、過燐酸石灰区、骨粉区。

そのうち骨粉区は、成長頗る可良にして、米糠区、基本肥料区はこれに次ぎて可なり。過燐酸石灰区は最も不可なり。案ずるに過燐酸石灰区の成育不良は、その土地に適せざるが故なり。一体、過燐酸石灰は粘土質に適すればなり。

同三号田の中
小麦播種法試験。

目的は、田地における小麦作を播種するに、横雁岐と縦雁岐及び條播と連播とは、何れを利とするかを究めんが為め、縦連播、同点播と横連播との三区に就いてその収量・品質を比較考査し、何れを利とするかを査定せんとするにあり。
一、供試品種　早小麦。
一、下種十一月十一日。
一、肥料　原肥　堆肥二百貫（750kg）、油粕八貫（30kg）、過燐酸石灰五貫（18．75kg）。
一、追肥　木灰五貫（18．75kg）、下肥五十貫（187．5kg）、なり。
其の播種法試験種類は左の如し。

縦二条連播、同点播、横雁岐連播の三通り。

縦二条連播は成長同一にしてすこぶる可なり。同点播、前なると比すれば、やや落ちたり。横雁岐連播は穂なみ揃わずして不可なり。何れも正に穂出でなんとす。

※連播…適当な間隔に播種溝を切り、その中に種子を均等に播く方法。
※点播…種子を一粒あるいは数粒ずつ等間隔に播く方法。

気象観察

明治三十九年　四月二十二日　日曜

雨天

第五号田
裸麦播種期試験。
目的　本試験の目的は、十一月上旬より十二月中旬にわたり播種期の異なるにより、その収量・品種の如何なる影響を及ぼすやを調査し播種の適期を知らんとするにあり。
供試品種　こびんかたげ。

記　事

肥料　原肥　堆肥二百貫（７５０㎏）、油粕八貫（３０㎏）、過燐酸石灰五貫目（１８．７５㎏）、追肥　木灰五貫（１８．７５㎏）　下肥五十貫（１８７．５㎏）、（二回分施）

試験期日は左の如し。

十一月五日、十一月十日播、十一月十五日播、十一月二十五日播、十二月五日播、十二月十五日播および番外。

成長の成り行きは、十一月五日播は三尺二寸（９６㎝）に伸びて出穂揃ひて誠に見事なり。十一月十日播は平均二尺九寸五分五厘（８８．６５㎝）くらいにして是も穂皆揃ひたり。十一月十五日播は二尺六寸（７８㎝）くらいにして穂八分（２．４㎝）通りに出づ。十一月二十五日播は二尺五寸（７５㎝）くらいにして今六分（１．８㎝）通りくらいに出穂せり。十二月五日播は、一尺八寸（５４㎝）ばかりありて今ようやく出穂し始めたり。十二月十五日播は、一尺六寸（４８㎝）くらいにて穂ばらみ、正に出穂せんとす。番外に在りては三尺（９０㎝）くらいにて穂も良く揃ひ成長も可なり。

右平均して見る時は成長の度合同一にして青々たり。

その内十一月十五日播は不揃なり。

この「こびんかたげ」は、穂やや平くして毛長し。

春期休業中。農場に於ける重要なる業事。

三月三十一日

一、東番外畑に、大浦、梅田、砂川牛蒡を下種す。

一、温床に西瓜《すいか》を下種す。

一、甘藷苗床の整理。
四月一日
一、西畑番外地に東京大長牛蒡下種。
一、温床胡瓜を框《かまち》に移植、間引、施肥を行ふ。
四月四日
一、春蒔蔬菜下種、種類二十一種、東第二番外畑にあり。
一、甘藷苗床下種
一、苗代田耕起
一、甘藍、大芥菜に液肥施与
四月六日
温床茄子の間引
四月　自七日　至八日　土当帰収穫
四月　自？　至？　開墾地整理

明治三十九年　四月二十三日　月曜

気象　曇天　雨小々降る
配当　一学年　第一、第二組　害虫駆除。
同　第三、第四組　壁土運搬。
二学年　全部　籾の選種。
業事　本日は南畑なる苹果木の害虫の駆除なり。その害虫は所謂蚜虫にしてその

※甘藍《かんらん》…キャベツ
※大芥菜…たかな
※土当帰…うど
※苹果…リンゴ

観　察

木の葉の裏面におれり。而してその葉を自身にて巻き、その中におるものなれば、除虫液を散布すともその効能なし。ゆえに本日は皆手にて除去せり。除虫終わりてより東方の梨の垣根造りの下および葡萄《ぶどう》の垣根造りの下の除草なり。
農夫は男二人女一人にて、南方果樹園の梨園の棚掛けなり。午前午後同じ。
第三学年生は午後一時より杉苗床替の施肥をなせり。但し全体共。
第五号田の中
裸麦種類試験区。供試品種こびんかたげ外七種、十一月十三日下種
肥料　原肥、堆肥二百貫（750㎏）、油粕八貫（30㎏）、過燐酸石灰五貫（18．75㎏）、追肥　木灰五貫（18．75㎏）、下肥五十貫（187．5㎏）（二面分施）
種類は左の如し。
島原、垂水、京女郎、大粒、田代坊主、こびんかたげ、養父、膝八、番外。
成長の有様は左の如し
島原は非常に青々として、その穂の長さは一寸（3㎝）ばかりありて不揃なり。
垂水は最もその高さ高く、三尺三、四寸（99～102㎝）あり。穂も二寸三分（6．9㎝）ばかりあり、したがってその毛も長し美しく揃ひて誠に見事なり。
京女郎は穂の長さ二寸（6㎝）ばかり。而して二寸（6㎝）ばかり島原よりもその高さ高く、また穂は至りて小なり。不揃にして黒穂の四、五穂あ

るを見る。

大粒は一本に黄色を帯ぶ、その他は垂水に最も良く似たり。

田代坊主は島原に似てこれも不揃なり。黒穂一、二穂あり。

こびんかたげは揃方もよろしく垂水より三寸ばかり短く、穂は一二三分（0．3~0．9㎝）にして毛もやや長く、その穂は他のものに比較すれば少々平し。

養父はこびんかたげに良く似たり。而してその穂は円し。高さは一寸五分（4．5㎝）くらい短し。

膝八は最も小にしてまた最も不同一、穂は細く一番不可なり、番外は混合麦にして不揃、出穂がちがちにして見苦し。右、皆全体より見る時は成長の度合同一にして、今の如く成長する時は好成績を得るならん。

第五号の中
畦立法試験。目的　球磨郡地方に於いて従来行ひ来れる在来畦立法と普通麦畦立法とについて麦生育の状況、品質、収量の如何を比較し、翌年度稲作に及ぼす影響如何を考案して、その優劣および程度を査定せんとするにあり。

供試品種　こびんかたげ。

下種十一月十三日
肥料本校普通肥料
一、本校普通畦立法。
一、球磨郡在来畦立法。

特記

本校普通畦立法は、畦幅下部にて三尺（９０㎝）、上部にて二尺三寸（６９㎝）、高さ五寸五分（１６．５㎝）あり。麦の高さは平均三尺（９０㎝）あり。穂並美しく揃へり。

球磨郡在来畦立法は、畦幅下部にて三尺七寸（１１１㎝）、上部にて二尺七寸（８１㎝）、高さ七寸（２１㎝）あり。麦の高さは平均二尺五寸（７５㎝）あり。実に本校普通畦立法に比すれば、この如く生育不良なるのみならず不揃なり。さればぜひとも改良するの必要ありと思ふ。

麦の名称
（林田先生より習ふ）

下の図の如く、

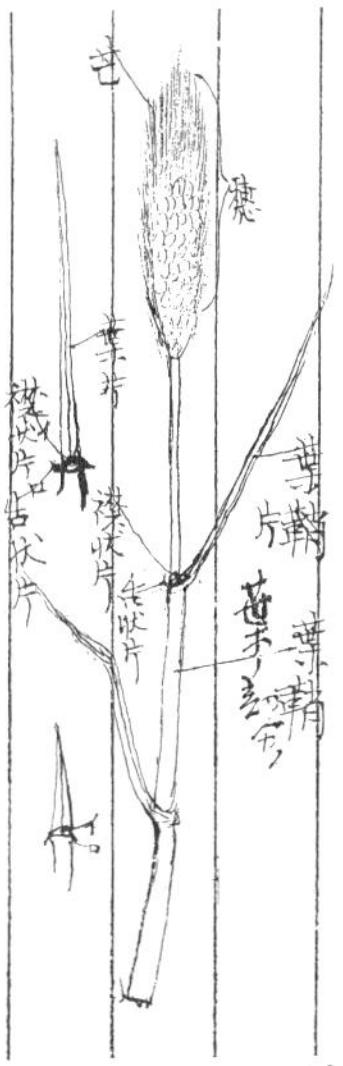

麦の名称（各部分の名称）は異なり、かつまたこれよりも多くあるを習ふ。而してここには重なるものを記したり。然らばその名を知りて何になすかといふにそれは外ならず、舌状片の長き或は短きとまた襟状片の紫色或は白色等のものに依りて、麦の種類を認識するに最も必要なるにより此処に記す。

明治三十九年　四月二十四日　火曜

気象　晴天

配当　一学年生　第一、二組　細砂運搬

同　第三、四組　柿畑耙耕

二学年生　第一組　梨の害虫駆除

同　第二組　果樹園附属地整理

同　第三組　第七号畑東部馬耕（地ならし）

同　第四組　畜舎の手入

三学年生　第一組　農談及幻灯練習

同　第二組　梨棚枷け

同　第三組　麦生育調査整

同　第四組　輪栽調査

※耙耕…まぐわで耕すこと

観察

田第二号中

五畝五歩（５１６．５㎡）ばかりは苗代床にして、只今馬耙（地ならし）しあり。

同田第一緑肥試験

目的　本試験は紫雲英の効果を験知せんがため行ふものなり。

方法

紫雲英は、九月二十二日に稲田内二反（２０００㎡）当二升（３．６ℓ）の割合を以て散布し、十一月上旬に切藁を散布す。普通二毛作本校普通麦作を栽培す。紫雲英区第一緑肥試験区。

この紫雲英は、一名「連華草れんげそう」ともいふ。本校の紫雲英は生育不良なり。而してその茎は柔らかなり、二、三尺（６０～９０㎝）に延びたり。その根を掘り見れば、豆科植物に同じ小なる粒の円きところあり。これは、とりもなをさず根粒バクテイリヤ住ひして、空気の遊離窒素を吸収して生

※紫雲英…れんげ。マメ科の二年草。緑肥作物として、関東以西の水田裏作に広く用いられた。

長する最も大切なるものなり。

その次は普通二毛作区、第一緑肥試験なり。これは第一号田生徒競作麦の続きにして第一号田よりややその生育衰へり。而して麦の芒並平にして可なり。現に芒孕中なり。二、三口を経なば出づべし。

第七号畑
此処二、三畝ばかり燕麦の次に甘藍を栽培しありたり。種類は甘藍の中「ヘンターソンスサンマー」なり。この甘藍は退化病に罹りて葉巻かず故に本日馬の施料となすため収穫せられたり。

本校舎東方梨の垣根造り。

五号田と三号田との道より左は直輸入の梨にして十四本あり。四年前植えしものにして今三尺（９０㎝）に伸びたり。一尺（３０㎝）毎に枝を作れり。下に図にて示さん。

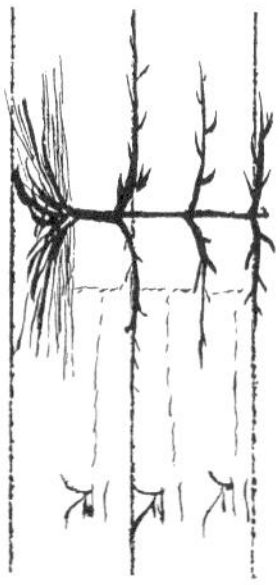

右は大平にして八本あり。この内南方二本は一尺（３０㎝）短し。その他は直輸入梨の仕立法に同じ。その内左二本右一本に花咲けり。それには黄金虫多く附けり。この垣根造りはその梨の成り始めしより四年間効能ありといふ。

気象
明治三十九年　四月二十五日　水曜
午前晴天　午後曇天

配当
果樹園の中耕　第一学年第一組
農場整理　同　第二組
細砂運搬　同　三四組
麦奴混穂抜　第二学年第一組
馬耙　同　第二組
畜舎手入　同　第三組
梨の病害予防　同　第四組
農談練習　第三学年第一組
農談準備　同　第二組
麦生育調査　同　第三組
輪栽調査　同　第四組

観察
田第四号
小麦播種期試験。供試品種早小麦。肥料　原肥、堆肥二百貫（７５０㎏）、油粕八貫（３０㎏）、過燐酸石灰五貫（１８．７５㎏）。追肥、木灰五貫（１８．７５㎏）、下肥五十貫（１８７．５㎏）。その期日は左の如し。
十一月五日播、十一月十日播、十一月十五日播、十一月二十五日播、十二月五日播、十二月十五日播。
十一月五日播は二尺八寸（８４㎝）くらいにして芒４／１０くらい出づ。生育至りて良好なり。同十日播は二尺七寸（８１㎝）くらいにして五日播には一歩を譲る。同十五日播は二尺二寸五分（67．5㎝）ばかり在りて、芒孕中なり。同二十五日播は二尺一寸（63㎝）ありて暫く芒孕中、同十二月五日播は一尺八寸（54㎝）あり。同十五日播は一尺（30㎝）程あり、生育は一体良好なり。

第四号田の中

小麦種類試験　下種十一月十一日

肥料　原肥　堆肥二百貫（750㎏）、油粕八貫（30㎏）、過燐酸石灰五貫（18．75㎏）、追肥　木灰五貫（18．75㎏）、下肥五十貫（187．5㎏）（二面分施）その種類は左の如し。

菊池、宮崎坊主、ドースタラリー、フルツ、オレゴン早小麦、番外、の六種なり。

菊池、早生にして芒正に揃はんとす。少し黄色を帯ぶ。

宮崎坊主は中生にして芒出で始めたり。揃方も可なり。

ドースタラリーは外国種にして晩生、芒並美しく揃ひ甚だ青々として生育一番宜しきを認定す。

フルツは右に同じく外国種にして、生育状況右に良く似たり。

オレゴンは晩生にして不揃なり。

早小麦は宮崎坊主に良く似てその生育も大に良し。少し黄色を帯ぶ。

番外は早小麦にして右に同じき状態なり。

気象
配当
観察

明治三十九年　四月二十六日　木曜

雨天

雨天の為、休み。

第四号田の中

大麦種類試験　下種十一月十一日

肥料（反当）　原肥　堆肥、二百貫（750㎏）、油粕八貫（30㎏）、過燐酸石灰五貫（18．75㎏）。追肥　木灰五貫（18．75㎏）、下肥五十貫（187．5㎏）（二回分施）。

その種類を挙ぐれば、六角、シュバリエー、ケープ、ビンヤッコ、コールデンメロン、若松なり、

六角シユバリエーは草丈三尺一寸（93㎝）にして、コールデンメロン良く似たり。葉は至りて狭く、舌状片長し。ケープは前なるに似て葉狭く、葉鞘白く其の草丈は一尺九寸（57㎝）なり。また襟状片も発達す。舌状片も長く晩種にして分蘖力甚し。

ビンヤッコは草丈高く芒短くやや赤色を帯ぶ。麦、稈細きを以って、茎も割合に長し。故に麦棹真だ又は帽子等造に良しと思ふ。

コールデンメロンはその芒平く、舌状片他の麦と異り紫色を帯ぶ。葉鞘白く7／10くらい出穂せるを見る。若松は麦粒大きく分蘖力可なり。舌状片長し。

右の種類収穫においては、六角シユバリエー、一の位を止め、ビンヤッコ二位、若松三位、コールデンメロン四の位に落ち、ケープ一番下ならんと

予想す。

明治三十九年　四月二十七日　金曜

気象

午前雨天なりしが、午後に至り少々晴れたり。

配当

なし

観察

第六号田の中

小麦普通栽培　品種早小麦　下種十一月十三日

肥料　本校小麦作肥料、発芽十一月二十日にして全体黄色を帯ぶ。而して生育の度合は可なり。芒僅かに出でたるを見る。

同第六号の中

第二緑肥試験、目的　緑肥用として紫雲英（れんげそう）を十二月下旬に麦畦上に播下するものと、秋大豆を三月中旬に播種するものとは普通二毛作に比し、麦作および稲作の収量および品質に幾多の差異を提供すべきかを比較し考査するにあり。

紫雲英十二月二十二日下種、

種子反当二升（3．6ℓ）

秋大豆、種子反当三升五合（6．3ℓ）、その試験区は三種とす。

1．紫雲英区。第二緑肥試験区

2．秋大豆区。

3．普通二毛作区

右三区とも青々として草丈高く、芒並良く揃ひ、普通に栽培せる麦と比較せばその差甚だし。而してそのうち普通二毛作区やや悪しと思ふ。

第六号田の中

蕓苔種類試験、苗床下種　定植十二月一日

肥料　原肥、堆肥百五十貫（５６２．５kg）、油粕八貫（３０kg）、過燐酸石灰五貫（１８．７５kg）

追肥　下肥百貫（３７５kg）、木灰五貫（１８．７５kg）

其種類を挙げれば左の如し

佐伯、群馬、富山、肥後箒、東京早生、大菜、大朝鮮なり。右のうち、佐伯、群馬、富山、肥後箒、東京早生は皆早生にして草丈三尺五、六寸（１０５～１０８㎝）に伸ぶ。此のうち、富山は一番よろしく、群馬、肥後箒はその次にて、東京早生の成長はまた一番不可なり。

大菜、大朝鮮は直播種子にして草丈四尺七寸（１４１㎝）くらいにして晩生なり。早生に比にして分蘖力も良しく収穫も亦可ならん。花は未だ三分の一ばかり落下す。

紫蕓英普通栽培は種類大朝鮮にして、右試験区に比して見れば、一、二寸（３～６㎝）短しと思ふ。その他は同じ。

※蕓苔《うんだい》…なたね

明治三十九年　四月二十八日　土曜

気象　晴天

配当　なし
観察　第七号畑
燕麦、白燕麦、十一月二十五日下種
反当肥料、堆肥二貫目（7．5kg）、油粕八貫目（30kg）、過燐酸石灰三貫（11．25kg）、葉色最も青くはなはだ濃し。分蘗力著じるしく、今二尺三寸（69cm）平均に伸びたり。西畑なる燕麦に比すれば、成長の度といひ分蘗力といひ、かつまたその不平均に成長せると否との如き、一つとして西畑なる燕麦に勝らざるはなし。
その西側なる葡萄。
数六本にして垣根造りなり。その株間および垣の造り方等、一号田西側なる梨の垣根造りに等し。

明治三十九年　四月二十九日　日曜

気象　晴天、朝は特に寒さを覚へ、昼は非常に暖かし。
配当　無し
観察　第八号田
第一学年畑小麦競作供試品種、早小麦
十一月十三日下種
肥料、本校普通小麦作肥料、生徒各自担当地積七坪（23．1㎡）二合（0．36ℓ）宛

甚だ不揃いにして小さく黄色を帯び成長不良なり。

東番外

第二号田の次に通れる溝を隔てて三角畑あり。牛蒡を栽培しあり。その種類を挙ぐれば左の如し。

大浦牛蒡、梅田、砂川の三種にして番外に大浦、梅田の二種とす。

下種三月三十日　右三種とも見事に生じたり。そのうち番外は不良なり。

現今二寸（６㎝）くらいありて成長はなはだ良し。

明治三十九年　四月三十日　月曜

気象　晴天

配当　人吉凱旋式に列席せしを以てなし。

観察　本校嘱託農事試作所

場所は球磨郡人吉町字青井にあり。

三十八年度稲作試験の成績を左に示さん。

燐酸同価の試験の成績　人吉町嘱託の試験。

一反（１０００㎡）部の収量

肥料	籾料	藁料
基本区	四石七斗〇五合（８４６．９リットル）	一四五貫六匁六分六厘（５４６．２㎏）
過燐酸石灰区	五石六斗六升六合（６４７．５㎏）	一七二貫六匁六分六厘（６４７．５㎏）
骨粉区	四石九斗八升三合（８９６．９４リットル）	一九五貫〇〇〇（７３１．３㎏）

※凱旋式…日露戦争（明治三十七、三十八年）終結後、明治三十九年になって戦地より兵士が凱旋してきたので、それを歓迎する式典が各地で開催された。

右試験は昨年度のものにして、本年現今は小麦作を栽培せり。品種、「こびんかたげ」にして、草丈三尺六寸（１０８㎝）にして皆出穂し、非常に美しく揃い、吾は未だ曽て其れに比ぶるあるを見ず。つまり、これは肥料のその地に適せる事、その地味のよろしき事は勿論、試作人の手入れの丁寧なるに基づくならん。されば手入れを丁寧にする事、最も必要なりと思う。

明治三十九年　五月一日　火曜

雨天
校友会のため休業
東番外畑
麦分蘖力試験。十二月十六日下種、その試験物は大麦、裸麦、小麦の三種類なり。

大麦三十株、一株三粒播に、各三株平均数、芽二十三本出づ。

裸麦は三十株、一株三粒播、同芽二十四本あり。

小麦に於いては、三十株、一株三粒播、同芽二十三本あり。

東番外の内床の部、茄子科の内茄子のみ六種。

米国政府茄子。普通床四月五日播、七八分（２．１～２．４㎝）くらいに伸び頗るよろし。

清国大円茄子。同平均五分（１．５㎝）位なり。

巾着茄子、千成茄子、佐渡原茄子、東京山茄子等にして、皆五分（１．５㎝）

気象
配当
観察

業　事

水稲の種類即ち本日苗代に播種せし種類は見易ければ上覧に記す事にしたり。

一、肥後坊主
二、五斗夜食
三、都
四、穂増

くらいにして美しく生ぜり。

甘藍の部　皆四月五日播とす。

羽衣甘藍、ボーアコール。四月四日下種、多く生じ、一寸（３㎝）くらいに成長す。

大玉甘藍、ヘンダソン、アーリーサンマー五分（１．５㎝）くらいに成長す。

子持甘藍、蕪甘藍は右に同じ。

雑種の部（一つの品種には雑なし。品種類の異なるのみ。）

花椰菜、スノーホワイト。洋芹パースレー。大黄ルーバーフ。塘蒿。

石刀柏、コノバースコロッカルアスパラカス。赤紫蘇、青紫蘇、鷹瓜蕃椒、八房蕃椒。

洋芹、赤紫蘇、青紫蘇は最も美しくして良く生ぜり。赤紫蘇は紫色を呈し、青紫蘇は水色を呈す。

大黄、塘蒿、八房蕃椒、少し生ず。

水稲播種す。本校にての苗代の仕立法を左に示さん。本校の苗代は先に示せし如く、第二号田にして昨日迄は馬耕し、而して小さく砕きありしのみなりしが、本日土塊の少々見えるくらいに水を充て横縦七回馬耙す。それより充分にかきならしたる後、四尺（１２０㎝）のところに縄を張る。而してその縄を中心として両方に五寸（１５㎝）宛手にて良く分く。若し土地柔かくして分けたる後に又充る如き時ある時は、その底の硬き土を上げて畦を作る。故に畦間三尺（９０㎝）、溝一尺（３０㎝）となる。而してその一尺(３０㎝)の溝、即ち踏切は往来の通路とす。そのまた畦の三尺(９

0㎝）作りてよりその上を鋤、或いは棒等にて良くその面を平くす。後初めて播種す。

五、竹成
六、白藤
七、神力
八、伊勢稲
九、駿河坊主
十、椎町
十一、大坂坊主
十二、竹成撰

播種量　右播種量は一反（1000㎡）に対して四升（7．2ℓ）、一坪（3．3㎡）に対して三合五勺（0．63ℓ）の割なり。而して普通の土地に於ては一反（1000㎡）に対して三升五合（6．3ℓ）くらいにて可なりと。

肥　料　その苗代の肥料は一坪（3．3㎡）に対して人糞尿一升五合（2．7ℓ）、過燐酸石灰五十匁目なり。この肥料は昨日施ししも、実は四、五日前に施し置くを良しとす。

籾　種　籾種は一週間前に水に浸し播種の前夜水をすて、笊に移し置きしものなり。

記　事

苗代に就いて。従来苗代の幅には頓着せざりしも、近来は専ら本校にてなせし如く、畦間三尺（90㎝）、溝一尺（30㎝）の式を取るに至れり。これ苗代の駆虫手入れ等をなすに便利なるを以てなり。

短冊苗代　苗代の肥料は地方により一概ならずと雖も、九州市場のものによれば一坪（3．3㎡）に付、人糞尿一升五合（2．7ℓ）、過燐酸石灰五十匁、藁灰五合（0．9ℓ）を施すという。

※笊《ざる》…割った竹で編んだかご

特記

本校に栽培せる麦のうち「六角シユバリエー」は米国より来り変化せしものなりと云う。この麦の特徴、有芒にして芒長く、六條列種にして稈強く舌状黄白色を呈す。

林田先生より

※林田先生…林田逸喜。下益城郡豊川村出身。本校教諭明治三十八年十一月～四十年三月。熊本県産業組合主任官として産業組合の発展に努力した。熊本農業学校二回生。

明治三十九年　五月二日　水曜日

気象　雨天。

配当　なし

観察　第九号畑

裸麦鎮圧回数試験

目的　本試験の目的は本土質に鎮圧の度数の適度確実に査定せんとするにあり。

供試品種　こびんかたげ

肥料　原肥　堆肥二百貫（750kg）、大豆粕八貫（30kg）、過燐酸石灰五貫（18.75kg）、

追肥　木灰五貫（18.75kg）、下肥五十貫（187.5kg）。

鎮圧試験は、二面。三回、四回、五回、六回とす。

二回鎮圧区は、非常に小さく不揃いにして不良なり。

三回鎮圧区は、三分の二は右に同じく三分の一は少々太し。

四回鎮圧区は鎮圧区の中最も大きくして、成長可なり而し不揃いなり。

五回鎮圧区は四回鎮圧区にやや落ちしところあり。

六回鎮圧区は三回区よりも良しく五回区よりも少し落つ。

東畑番外の中
千住葱、根深太葱、岩槻葱、下仁田葱、赤玉葱、韮葱。
右の種類中千住葱、根深太葱、岩槻葱、下仁田葱は今一寸五分（4．5㎝）くらいに成長す。
赤玉葱は少し黄色を帯び一寸八分（5．4㎝）くらいとなる。
韮葱は右に同じ。普通葱と赤玉葱と韮葱比較し見るに、右の外何等変る所なし。右は皆四月四日下種のものなり。その他蕃茄、塘蒿、オランダミツバ。同月同日播きなり。
同　番外畑の中
瓜哇薯栽培、種類アーリーローズ。四月二十一日下種畦巾一尺五寸（45㎝）株間一尺（30㎝）。

肥料

原肥　堆肥三〇〇貫（1125㎏）、過燐酸石灰五貫（18．75㎏）、大豆粕五貫（18．75㎏）、下肥五〇貫（187．5㎏）。

追肥　下肥一〇〇貫（375㎏）、木灰一〇貫（37．5㎏）。

右の瓜哇薯は未だ発芽せず。

西瓜《すいか》マウンテンスイート、同アイスクリーム、同在来種の三種、今は畑を耕したるそのままにて五尺五寸（165㎝）くらい隔て、下種しありて四粒くらい平均に芽出たり。

茼蒿は僅に芽出でたるのみ。

記事

麦の黒穂病

麦の麦奴いわゆる黒穂病
現今農圃を見るに、俗に「くろんぼ」と称するもの点々発生を見る。これ

※蕃茄…トマト
※塘蒿…セロリ
※瓜哇薯…馬鈴薯。じゃがいも。
※茼蒿…しゅんぎく
※麦の黒穂病…麦奴（くろんぼ）とも呼ばれた。きのこがその種子に付着して害をなすものなり。

特　記

麦の黒穂病の予防法如何

は「ウスチラゴードリヂシイ」と云う微菌の寄生せるに依るものなり。この病菌の発生するときは、それ丈（だ）け収穫減ずるの道理なるを以て農場者は殊に注意してこの病害を予防せざる可からず。その予防法を二、三知りしを以て左に掲ぐ。

（一）黒穂を生じたる圃場よりは種子を採取せざる事
（二）夏季炎熱甚だしき際に種子を乾かし病菌を殺す事
（三）冷水温湯浸法を行う事（只「温湯浸法」ともいう）

その行い方法、左の如し。図解の故方法は略、またいわずもがな。

左に（寒暖針とあるは摂氏によりしもの）（手嶋氏による）

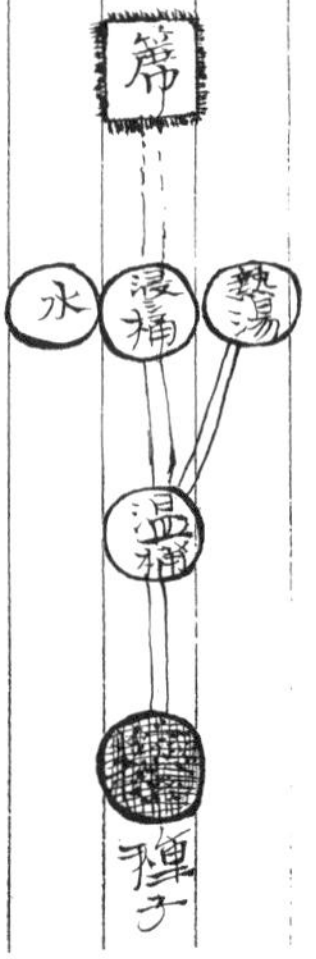

桑の霜害

桑の霜害

作物は霜によりて甚だしく害せらる事あり。これを霜害と云う。霜害の甚だし時は、春若葉の生じたる後にあり。この時に結ぶ霜を晩霜と云う。晩霜の害は俗に霜枯といって、葉および芽一夜にして黒く変じ、枯死する事ありて最も恐しきものなり。我熊本県にては、たしかには覚えざれども明治三十五年なりしか、この害に襲はれたり。この害に罹り易きは、甘藷と

※手嶋氏…手嶋新十郎。明治十六年十一月八日生。熊本農業学校一回生。大分、佐賀で農業技手をつとめ、愛知県では産業組合課主事などをつとめ、米の多収穫事業に奮闘した。

桑なれども最も損害の大きなるは桑なり。

霜の多きは天晴れ風静にして湿り少なき暁の頃なり。天曇りたる夜間には霜の生ずる事なし。これ、夜間に雲多き時は日中に吸い取りたる温熱の夜間に冷え去る事少なくて地面割合に暖かく、従って空気も亦、暖かにて空気中の水蒸気の凝り固まる事能わざるなり。

この理により霜害を予防せんには、夜中より煙を立てて煙にてその霜害に罹るものの上を覆はしめ、雲の代りになすべし。この法は霜害予防として最も効果多きものなれども、協力一致してこれを行はざるときは効果薄きものなり。

聞く所によれば三十五年の霜害にも、熊本農業学校は右の方法を行いし故、その害に罹らざりと。誠に感心の外なし。(手嶋氏)

特　記

霜害の予防方法如何

南畑番外
昨日南畑番外の夏大根の第一回間引きを行う

明治三十九年　五月三日　木曜

気　象
曇天

配　当
観察の次に示す。

観　察
畑十号（見本園）
牧草より筆をとらんに、はじめに、
(イ)ケンタッキー(ロ)レッドトップ(ハ)レッドフェスキュー(ニ)メドー

フェスキュー（ホ）オーチャードグラス（へ）ペニヤルライグラス（ト）レッドクローバーにして、右については順を追い左に示さん。
（イ）は、花開きて不揃なり。（ロ）は、分蘖力甚だ強し。
（ハ）は、赤色にして不良なり。（ニ）、葉少し。小にして葉片小なり。（ホ）は、水色にして葉片広し。（へ）、少し黄色を帯ぶ。
（ト）レッドクローバーは豌豆（えんどう）に似て、未だ一尺（３０㎝）ばかりなり。校門前なると比すれば、非常に成長の程度悪し。これ土地の肥瘠を示す良き手本なり。
甜菜は三分（０．９㎝）ばかり成長して葉根赤し。

菜豆「ライマビーン」は十四本出で、平均一寸五分（４．５㎝）くらいなり。

米国直輸入。麝香甜瓜、六株にして一株に平均三本くらいあり。

同ニューポート三株にして二本生ず。

同西瓜ハルバートホニイは芽出でず。

同早生西瓜四株にして二本宛出づ。

除虫菊は今花咲きたるもあり。而して大抵蕾なり。花は白くして小さく、良く普通の菊に似たり。されど葉は最小なり。

オランダ苺は薔薇科にして、花美しく開きて美なり。畦三本あり。米国種石刀柏（ラージグリ）、いわゆる西洋ウドにして良く、杉に似たる作物なり。

食用大黄は蕗に似てその茎赤く、食用となすところはその根なり。

洋芹は芹に似て匂ひ香し。

百合の蝦夷錦、普通百合と同じ。

※甜菜…てんさい
※菜豆…いんげん
※石刀柏…アスパラガス
※洋芹…パースニップ

直輸入亜米利加防風、発芽したるのみ。

コンサラード、右に同じ。

直輸入萵苣、同シメンシテイ、同ボストン、同ボストンマーケット。

右三種は、亜米利加防風に似たり。
（イ）九條葱、（ロ）下仁田葱、（ハ）根深太葱の中、（ロ）最も良しく、九條葱、根深葱は普通なり。
右見本園の中、これまでは五畝（５００㎡）にして丁度畑の半分に栽培せしもの。見本園中、その東方半分に属するもの。

葱の栽培。

苗床下種九月十四日、定植期日四月十三日。

畦幅株間三尺とし三、四寸を隔てて三…四本を植ふ。

肥料

原肥　四百貫(１５００kg)、油粕十貫(３７．５kg)、木灰五貫(１８．７５kg)、下肥五十貫（１８７．５kg）

追肥　下肥二百貫（７５０kg）その種類は左に掲ぐ。

九條葱、下仁田葱、根深太葱の三種なり。

九條葱は九畦にして生育可なり。

下仁田葱は九畦にして右なる比すれば少々不良なり。

根深太葱は七畦にして下仁田葱と同じ。

特記

葱の不良如何に就いてその注意

右なる葱は一体に生育不良にして小なるに罹らず成熟す。これ如何なる理なるか、これ即ち肥料の欠乏を来たししものにして一時生育の度を止め成熟したるものなり。罹る時分は、直ちにその成熟せる実を取り去りて肥料

※萵苣《ちしゃ》…菊科の一年草。レタス・サラダ菜の総称。

を施す外なし。かくの如くなりては農業者の手遅れなるにより、前に心掛けて施肥するを要す。（右　林田先生）

茄子の移植

本日は温床より佐土原茄子外五種を西畑なる裸麦の間々に移植せり。

右十号畑の中落ちししを以てここに書す。

落花生（大粒種）発芽せず。

茼蒿は今発芽せしのみ。

菠薐草は一寸五分（4．5㎝）くらいに成長す。

赤二十日大根も一寸五分（4．5㎝）くらいありて、美しく生ぜり。

亜米利加防風（繖形科）、一‥二の芽を出したるのみ。

配　当

西畑及果樹園附近整理　第一学年　一、二組
東田畑農場整理　同　三、四組
七号田馬耕　同二学年　第一組
果樹園切返し　同　三、四組
畜舎の手入　同　四組
梨病害予防　同三学年　第一組
害虫駆除及葡萄《ぶどう》手入　同　二、三組
温床及苗床除草　同　四組
第二号田　紫雲英　収量坪刈成績左の如し
三貫三百目　（四月三十日満開花時）
三十九年度に於ける水稲撰種に供用したる塩水の比重は、一、一三五とせり｛水一斗（18ℓ）に対し食塩四升（7．2ℓ）の割｝（四月二十三日施行）

※繖《さん》…かさ、きぬがさ

撰種に就いて

撰種方法（手嶋氏に習ふ）

撰種法には唐箕撰法あり。また水撰法あり。然れども最も簡単にしてまた最も有益なるは学校にて行いし塩水撰法なりとす。

さてその方法は、凡そ二斗（36ℓ）桶に凡そ一斗（18ℓ）の水を入れ、粳にてはこれに食塩一貫二、三百匁目（4．5～4．875kg）、糯にては七、八百匁目（2．625～3kg）計りの食塩を混じ、三十分間ばかり笹または箒状のものにて充分に撹拌し、また充分に溶解したりと認むる時、籾三斗くらい宛、これに投じ二、三回上下かき廻すものなり。この如くなすときは重きものは沈み軽きものは浮かぶべし。而して尚更に撹拌すれば一旦沈みたるものも浮き上がるを見る可し。これ等も手早く取り去り全く重き種子をのみ沈ましむべし。この方法済みたる時は籾種を取り出し直ちに清水にて洗浄し、始めて善良なる種子とす。

さてこの種子を播種に先じて普通浸種を行ふを常とす。たぶんその目的とする所はその発生を斉一にならしむるとに外ならざるなり。その苗代は水堪え撹拌するがゆえにとかく汚泥を被り発芽に損ずる恐れあればなり。浸種は本月一日の業事内にあれども更に記すその日数五日ないし七日を適度とするは各地農事試験場なり農学校なりの均しく証明するところなり。而してその浸種中はなるべくは一日毎に水を変換して新鮮に保つを肝要とす。

※塩水撰…比重撰のひとつ。塩水による撰種で、米麦など水よりも比重の大きい種子に行う。

明治三十九年　五月四日　金曜

気象
晴天

配当
一、農場整理　第六号田　一年一組
一、第六号田と第七号畑の中間畦畔整理　同　二組
一、紫藷英収穫（旧南番外地）　同　三組
一、果樹園の切り返し　同　四組

観察

胡瓜
第十一号畑　西より東方に向かいて
極早生節成胡瓜。大青胡瓜は各八畦にして畦間一尺五寸（165cm）、株間一尺（30cm）、今発芽せしのみ。

三ツウリノ種類
大長越瓜。大甜瓜。梨甜瓜。各三畦にして横三尺（90cm）、縦四尺（120cm）の距離にして、今ようやく発芽せしのみ。

長偏蒲
長扁蒲、丸扁蒲は同種類にして二寸（6cm）ばかりに成長す。各一畦なり。

大冬瓜
大冬瓜は発芽したるのみ。

西瓜
「在来西瓜」および「アイスクリーム」、「マウンテンスイート」西瓜の三種ありて「在来西瓜」および「アイスクリーム」は成長頗る可良にして、五、六寸（15~18cm）以上に成長す。「マウンテンスイート」未だ小なり。右は各二畦にして、只今、藁および籾糠を敷けり。その間は横三尺（90cm）、縦四尺五寸（135cm）あり。

南瓜
西京南瓜、ハッパード、菊坐南瓜、縮緬南瓜の四種にして、西京南瓜、菊坐南瓜は二畦ありて今二寸（6cm）程に成長す。
ハッパードは一畦あり、葉はなはだ太くして黄色を帯ぶ。

その南瓜の大きくなりし頃は、あたかも平瓢箪の形に似て朱色となり。皮なめらかにして周り五、六尺（150〜180㎝）以上となるといふ。而し味合ひ美ならざるを以てしたがひて人の食用にも可ならず。ゆえに家畜の飼料に適せりと。

縮緬南瓜は二畦にして未だわずか発芽したるのみ。

右、胡瓜のほか一畦には十八株あり。

肥料反当

第十二号畑
現第三学年小麦競作　種類早小麦
播種期十一月十四日
原肥　堆肥二百貫（750㎏）、油粕八貫（30㎏）、過燐酸石灰五貫（18.75㎏）
追肥　木灰五貫（18.75㎏）、下肥五十貫（187.5㎏）（二回分施）
成育甚だ不良にして穂並少しも揃わず、第四号田なる早小麦と比する時は成長においても稈においても収穫上より見るも天地の差あり。
これは一つは新開墾地にてその土地にいよいよ適せざればなり。かくの如くにより収穫も品質も不良ならん。

記事

呀虫
呀虫は種々の植物の稚葉に付きてその汁を吸ひとるものなり。その卵、三月上旬頃に孵化す。生まるるものはことごとく雌虫にて十日ないし十四、五日経れば、子を産む。その数は、大凡九十匹ばかりにて、尚十回以上も蕃殖するがゆえに、その数、後には計る可からざるくらいとなるものなり。

※呀虫…アブラムシ

秋に至れば雄虫も生まれ、最後に卵を産む。この卵は冬越して翌年また二月下旬より孵化す。

蟻との関係

この虫の尾端には二本の管あり。蟻もしこれに触るれば、その中より汁を出す、この汁は甘露とて蟻の好みて吸うものなれば、呀虫と蟻とは甚だ仲よき友達なり。

注意して植物を見る時は、蟻が常に木を上下しその先若葉のところに呀虫の存在するを目撃する事あるべし。

これとりも直さず食物を得んがため、呀虫の幼虫を樹に送り、以て蕃殖を助けつつありものなり。

特　記

かくの如く蕃殖力烈しき呀虫を如何にして駆除予防すべきか。

呀虫駆除

一、蟻を蕃殖せしめざるはその予防方法の一なり

予防方法

二、常に農場を巡視しその発生なきやに注意し、それ未だ蕃殖せざるうちに見当たり次第取り尽すべし。これ駆除法の最良の者たるべし。かくの如きものの見当たるはこれ即ち観察力の必要なるゆえんを示せり。注意すべし。

三、既にその数、多発生したるを見たるときは煙草の煎汁または石油乳剤を注射しこれを駆除すべし。

乳剤量

石油乳剤の量、石鹸百八十匁目（675g）、石油五升（9ℓ）、水二升五合（4.5ℓ）

別方法

別の方法　石鹸二十四匁目(90g)、石油一升(1.8ℓ)、水五合(0.9ℓ)

使用方法

使用方法、使用の際は右の液に、三十倍ないし五十倍の水を加え、而して噴霧器を以て散布するものとす。（右手嶋氏および松田先生の御両人）

※石油乳剤…石油に石鹸を加えて製造した接触殺虫剤。水で希釈して噴霧すると油の皮膜が害虫の気門をふさいで窒息死させる。

※松田先生…松田喜一。明治

業事

気象

配当

観察

温床より西畑裸麦の間々に茄子《なす》の移植を行いたり。

明治三十九年　五月五日　午前晴天　土曜

午前晴天なり午後少々曇りて風和やかに吹く。

一、農談練習　第三学年一組
二、作物輪栽調査　同　四組
三、農具説明　第一学年一、二組

西畑に移植せし茄子の種類を記さん

清国大園茄子、巾着茄子、この二種は本月三日に移植せしもの。

佐土原茄子、千成茄子、東京山茄子、米国種茄子は同四日移植せしものにして何れにも日覆をせり。

南第一番外畑

燕麦、下種十一月二十八日にして普通の燕麦なり。第七号畑なる白燕麦と比較すれば、その草丈にして一尺（３０㎝）以上の大差あり。西畑なると比較すとも、ほとんど一尺（３０㎝）の差あらん。これ、土地の悪しきゆえならん。

同畑の中、その一部はまた大豆を作れり。又東北の隅には燕麦を栽培す。

第二番外畑、前作物陸稲、十一月二十五日燕麦下種、而してある一部の成長せしところを対して見るも亦全部観察するもこの燕麦の差は甚だし。同畑のうち、一部は大豆、一部は紫雲英、一部は松なり。その種類を挙ぐれ

二十年 下益城郡松橋町豊川村に生まれる。客土と有機物の大量投入による土づくりを実践。「人つくれ、土つくれ、作物つくれ」の有名な三つくれの標語となった。昭和四十三年八十才で没。「昭和の農聖」「土の行者」とも呼ばれる。熊本農業学校の三回生。

※農談：教師・生徒が幻灯機などを持参して、周辺農村に農業講習に出向いた。

記事

ば、落葉松、朝鮮五葉松の二種なり。落葉松は二畦にして撒播なり。一寸五分（4・5㎝）くらいに成長す。朝鮮五葉松は十五本発芽せるを見る。葉は少し平くして一つのところより多く生ぜり。

農具について

工、その事を能くせんと欲せば、必ず先ずその器を利す。農もまた然り。その器械の便否によりて損益する所大なり。人智未だ開けざる国に於いては時間および労力、貴からざるゆえに農具の如きもその構造甚だ粗なりし。然れども人煙日月に増し、人智、年をおうて開くる我が帝国の如きは、農具を改良し時間と労力とを省きかつ収納多からん事を計らざるべからず。西洋諸国の農業が大いに進歩せしは、主として農具を改良し、これを運用するには牛馬を以てなし、その盛んなるは蒸気力若しくは電気力を藉りて耕耘、下種、除草、収納等、いずれも利便を極むるに由らざるはなし、故に労力少なくして収穫多し。これ、彼は益々富裕に赴くゆえんにして、我が農家の貧困に陥るゆえん、あに一考せざるを得んや。

本校にて使用する農具は新改良農具にして使用に便なり。本日習いしかば、いざこれより左に記さん。

本校農具略圖、

一、サイヅハンドレース、

一名大鎌。大鎌ニ二種アリ刃ノ短クシテ巾大ナルモノハ柴用ノモノニシテ刃長ク其ノ幅狭キモノハ牧草ナリ、本校ノハ即チ牧草用ナリ、之レヲ使用スルニハ直立ニシテ両手ニテ使用ス、其ノ功程ハ一日四五反部ナリ。

一、洋製開墾鍬

上ノ効用ハ新墾地、樹林地及ビ草生地ヲ耕鋤スルニ適ス一日ノ功程ハ四畝位ナリ、

一、和製開墾鍬、

其ノ効用ハ上ニ同ジク一日ノ功程ハ三畝位ナリ、

一、箕

一、簁《トホシ》、

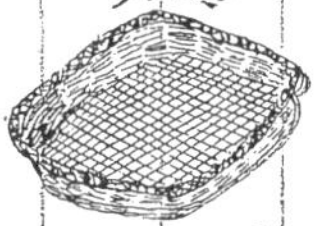

一、篩、

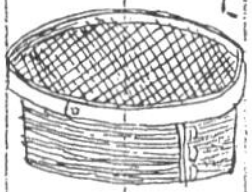

一、移植用鏝、

一、舶来剪枝鋏、

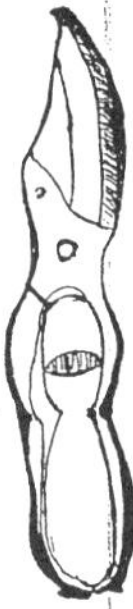

一、和製剪枝鋏、

果樹実等ノ剪定ニ用ユ、

一、木柄剪枝鋏

右ノ十

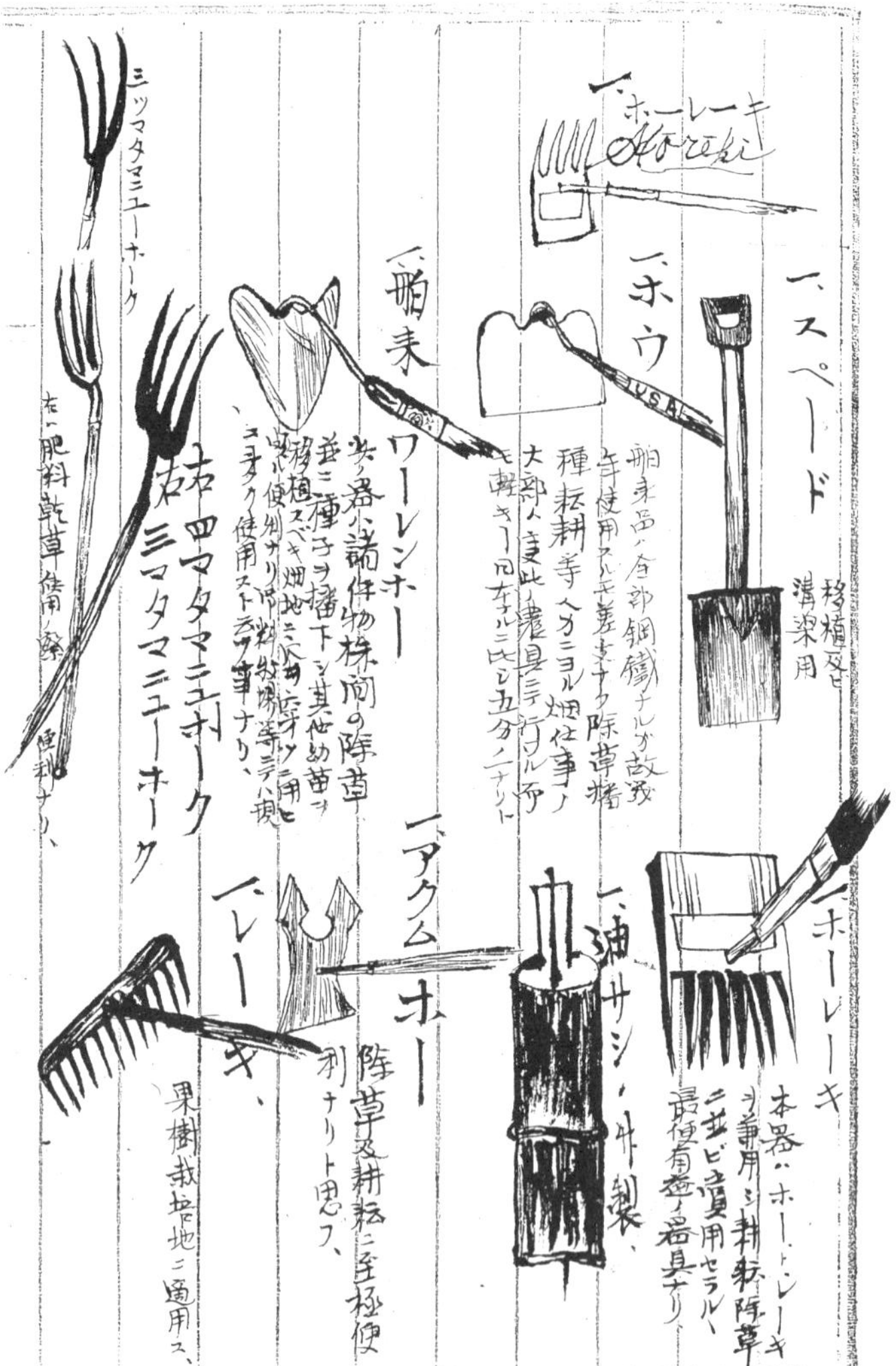
一、ホーレーキ
Horeki
一、スペード
移植及ビ
溝渠用
一、ホウ
USA
一、舶来
ワーレンホー
三ツマタマニユーホーク
右ハ肥料乾草等使用ノ際便利ナリ、
右四マタマニユーホーク
右三マタマニユーホーク
一、アクムホー
除草及耕耘ニ至極便利ナリト思フ、
一、レーキ、
果樹栽培地ニ適用ス、
一、油サシ、
一、ホーレーキ
本器ハホートレーキヲ兼用シ耕耘除草ニ並ビ實用セラル、最便有益ノ器具ナリ、

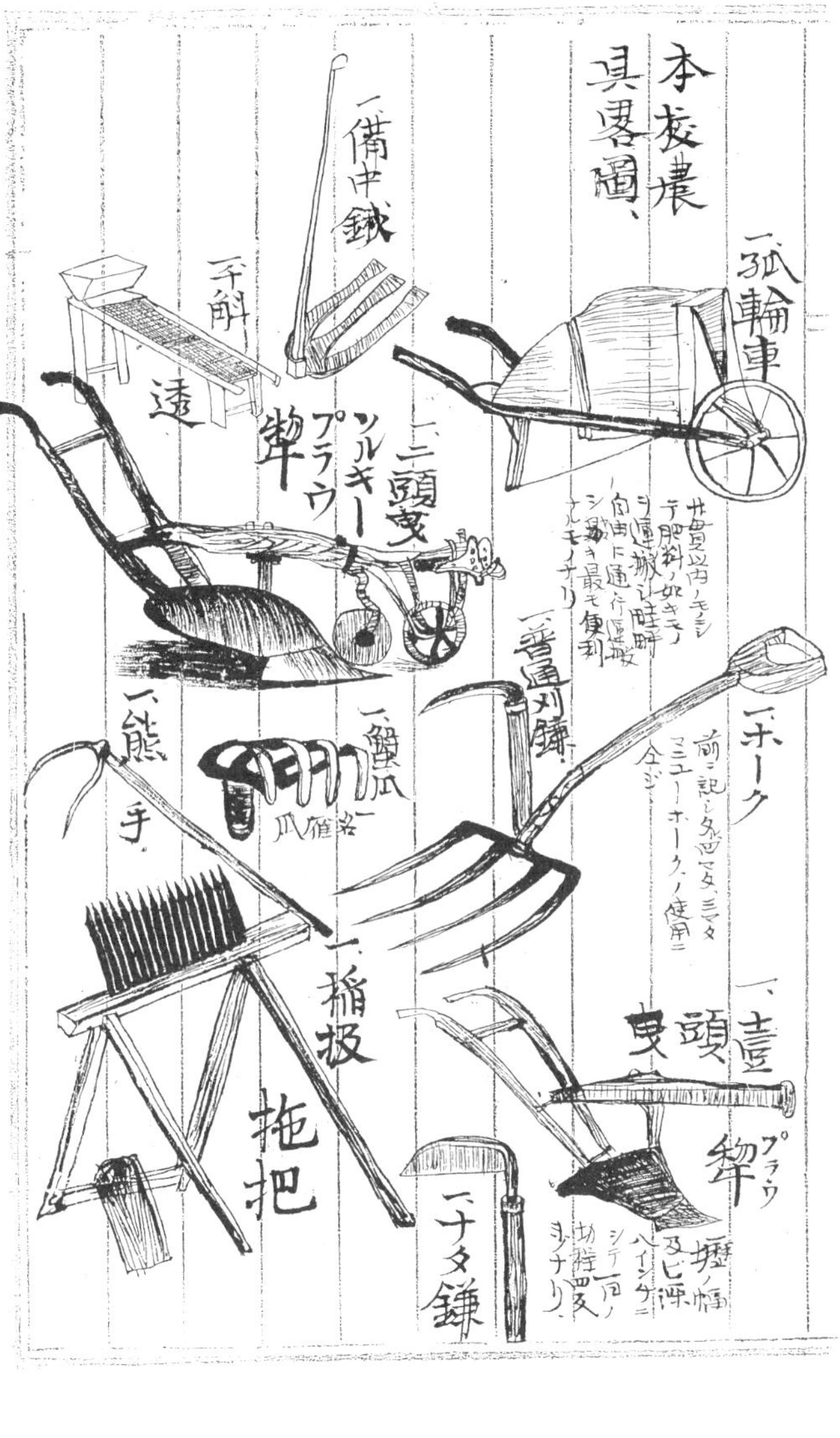
本邦農具略圖、
一、孤輪車
一、備中鍬
一、千斛透
一、二頭曳ソルキープラウ犂
一、普通刈鎌
一、ホーク
一、熊手
一、雁爪
一、稲扱
拖把
一、壹頭曳プラウ犂
一、ナタ鎌

本校農具

一、誘蛾燈（螟虫の親を取るもの）

一、肥後鍬

強粘土の耕耡に適す。然れどもその角度の小なると柄の短なるにより、腰を屈して運用せざるべからざるの苦ありとす。

一、サイドハンドレース、一名大鎌

大鎌に二種あり。刃の短く、その幅大なるものは柴用のものにして、刃長く、その幅狭きものは牧草用なり。本校のは即ち牧草用なり。

※誘蛾燈…田畑に設け、夜間、光に飛んでくる性質のある害虫を集めて殺すように装置した灯火。特にメイチュウ類（成虫）の防除に広く用いられた。

これを使用するには直立して両手にて使用す。その切程は一日四反（４０００㎡）部なり。

一、洋製開墾鉄
上の効用は新墾地、樹林地および草生地を耕耡するに適す。一日の切程は四畝（４００㎡）くらいなり。

一、和製開墾鍬
その効用は上に同じく一日切程は三畝（３００㎡）くらいなり。

一、箕　一、簁　一、篩　一、移植用鏝

一、舶来剪枝鋏

一、和製剪枝鋏

一、木柄剪枝鋏
果樹類等の剪定に用ゆ

一、スペード
移植および溝渠用

一、ホーレーキ
本器はホーとレーキを兼用し耕耘、除草に並び実用せらるる最便有益の器具なり

一、ホウ
舶来品は全部鋼鉄なるがゆえ、幾年使用するも差し支えなく除草播種耘耕等、人力による畑仕事の大部は主にこの農具にて行わる。而も軽き事日本製に比し五分の一なりと

一、油さし・竹製
一、舶来ワーレンホー
この器は諸作物株間の除草並びに種子を播下し、その他幼苗を移植すべき畑地に穴を穿つに用いすこぶる便利なり。御料牧場等にては現に多く使用すという事なり。
一、アクムホー
除草および耕耘に至極便利なりと思う
一、レーキ
果樹栽培地に適用す
四《よつ》マタマニューホーク
三《みつ》マタマニューホーク
右は肥料乾草使用の際便利なり
一、孤輪車
二十貫（75kg）以内のものにして肥料の如きものを運搬し畦畔自由に通行運搬し易き最も便利なるものなり
一、ホーク
前に記したる四《よつ》マタ、三《みつ》マタ、マニューホークの使用に同じ
一、二頭曳犂（プラウ）
墢の幅及び深八インチにして一日の切程四反歩（4000㎡）なり
一、備中鍬　　一、二頭曳ソルキー犂（プラウ）　　一、普通刈鎌
一、ナタ鎌

※御料牧場…天皇家で用いられる農産物を生産している農場。明治のはじめに大久保利通によって千葉県成田市に開設。当初から一貫して有機農業が行われている。

一、稲扱拖把　一、熊手　一、蟹爪（一名雁爪）　一、千斛透
一、颺扇（一名唐箕）
一、馬鍬

気象観察

明治三十九年　五月六日　日曜
曇天にして風烈しく、午後に至り風少し止まり雨少し降る
南番外第四号畑
菔菜栽培し在り。その種類を挙ぐれば、
紫大根、黄二十日大根、鴬菜、時無大根、夏大根。
紫大根は二寸（６㎝）くらいに成長して葉根少し紫色を呈す。
黄二十日大根は右に比して幾分白がかりて見ゆ。成長は大抵同じ。
鴬菜は非常に小さくして今一寸（３㎝）ばかりなり。
時無菔菜は水色なり。その他右に同じ。
夏大根は緑色にしてこれよりやや小なり。
右は條播式に行い而し株間一尺（３０㎝）なり。
南番外第五号および第六号畑
右の番外畑には何れにも杉苗を植えりる。その株間、畦の如きは一々異なる故、記し難し。然れどもその高さにおいては平均五寸（１５㎝）くらいなり。第五号番外畑なる杉苗は四千九百六十八本あり。西なる方即ち第四号畑の西なり

※菔菜…大根類の総称

右番外四号の中
蓏菜の他、桜島大根試験栽培せらるるはずなり。

明治三十九年　五月七日　月曜

気象
午前曇天、午後も曇天なり。二時頃より雨降り出したりしが、後大雨となる。

配当
一、作物輪栽調査　　　三年四組
一、農具説明　　　　　一年三、四組
一、その他運動会場準備　その他皆

観察
本校南側葡萄
種類、北村葡萄、本校中央廊下、即ち正門より洗面場に通ずるところより西は七本にして、高さ一間のところにおいて棚を架けあり。株間に二間にして葡萄の本年成長したる部分は一尺（３０㎝）ないし一尺八寸（５４㎝）なり。右七本の中、一本は短し。
右の廊下より東は西方に同じく七本にして異なりたるところなし。尚、それより廊下一つを隔てて東方薬品室前は、四本にして棚は五尺一、二寸（１５３～１５６㎝）のところに架す。前なるに比し、少し成長不可なり。その前三～四尺（９０～１２０㎝）を隔てて、花壇あり。現にある花は石升花（なでしこ）および大輪きんけい草なり。二種とも多年生にして、昨年下種せしものなり。石升花（なでしこ）は一尺（３０㎝）くらいにして、今花盛りにして非常に美なり。

大輪きんけい草は今蕾をなせり。

寄宿舎前なる葡萄
西は六本にしてその内一本は枯死す。

東は右に同じく六本にして普通なり。いわゆる本校前なるに同じ。

而して全体を本校前なる葡萄に比較するときは、生育上即ちその高さにおいても、その幹においても不可なり。

只今、両方共葡萄沢山なれり。而して寄宿舎前は生育不良なるため、したがって葡萄のなり方も少し。

畑第十一号の西側に葡萄二本あり。甲州葡萄なり。垣根作りを行へり。四尺五寸（135㎝）に延び横に五尺（150㎝）くらいとなる。

気　象

観　察

観察を先に間違い書きしを以て配当は後回し

明治三十九年　五月八日　火曜

午前曇天午後二時頃より雨降り出したりしが、後大雨となる
本校堆肥置場
本校堆肥置場は農舎の南側にあり。左の図の如く横二間（364㎝）、縦即ち長さ四間（728㎝）、高さ軒まで五尺六寸（168㎝）あり。家は北向きなり。四方粘土を以て塗り、その壁の厚さ一尺一寸（33㎝）あり。
堆肥置場の図

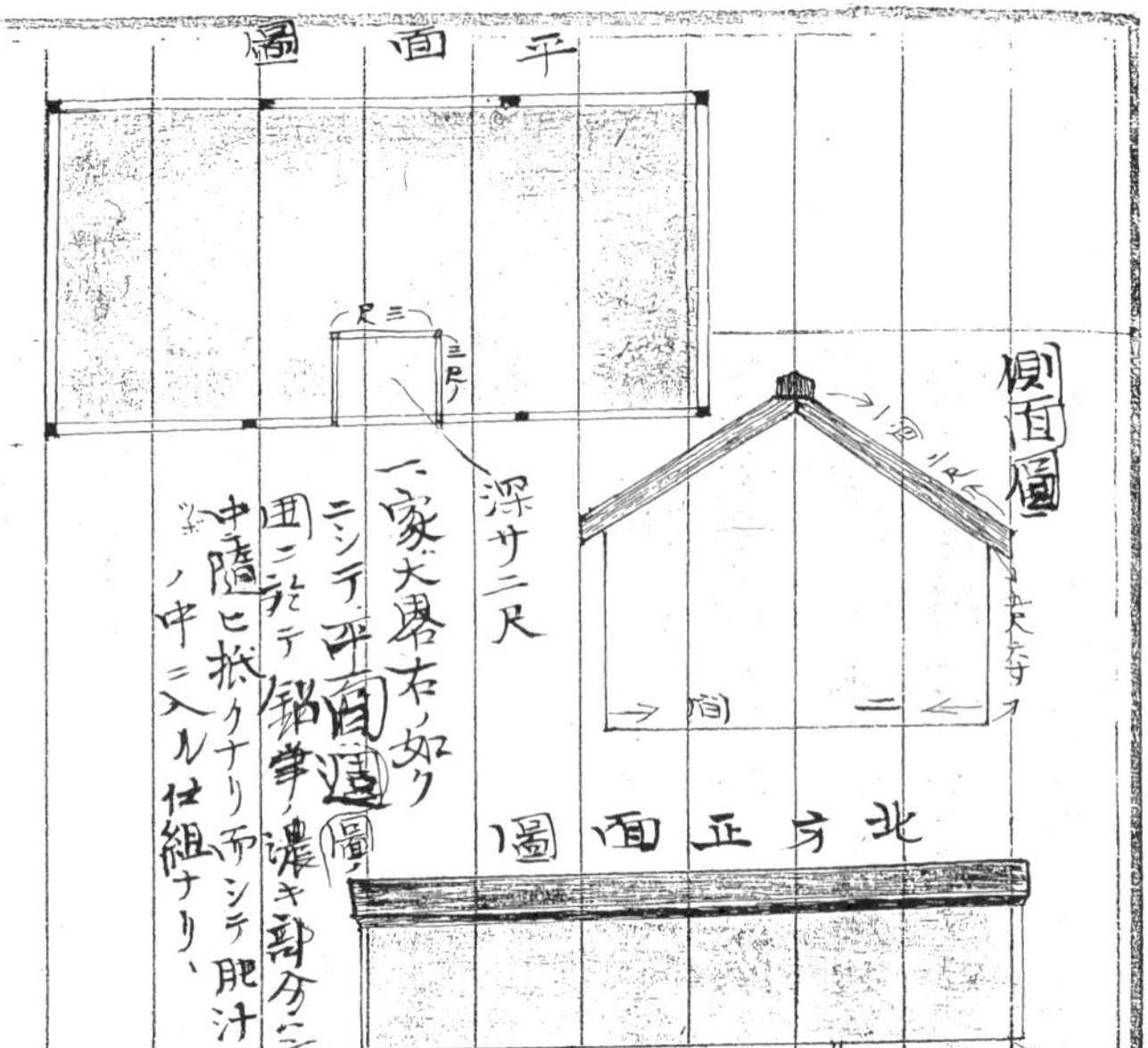
平面圖
三尺
三尺ノ
深サ二尺
側面圖
一間
二間
五尺六寸
北方正面圖
入口
一間一尺
四尺
四間
西南ノ角ヨリ見タル圖
二間
四間
一家ハ大略右ノ如クニシテ平面圖ノ周囲ニ於テ鉛筆ノ濃キ部分ニ高キ面ニシテ中ニ隨ヒ低クナリ而シテ肥汁ハ央ノ三尺平方ノノ中ニ入ル仕組ナリ、

特記

堆肥家および堆肥について（林田先生について習う）

一、堆肥家を本校のみならず一般北向きに造るは何故なるか

南向きに家を造る時は、その入り口より日光照りこみ、中なる堆肥に当たり、その堆肥の吸収する養分を失する恐れあるゆえ、その害を防ぐためなり。

一、堆肥の家を造るには如何なる場所を選ぶを可となすか

日光の当たらざるところ、いわゆる陰の所にして風の通さざるところを良しとす。

一、家の造り方のうち、壁および屋根に関する事項如何

壁はなるべく粘土にして、その厚さは一尺（３０㎝）以上にして下より次第次第にことごとく皆固く築き上ぐるを良とす。

屋根は草葺きの家にして柵（梁）なきを可とす。

一、堆肥に水をかけるは如何なる理なるか

堆肥若し非常に暖かくして白き菌の如き粉を引くときは、肥の最も重要なるアンモニアは逃げ失するなり。ゆえに水を注ぎてその温度を低め、湿気あらしめ而してその肥の魂を逃がさざる様にするためなり。

一、家の中に三尺（９０㎝）平方、二尺（６０㎝）の深さに掘りあるは何のためなるか。

これは堆肥の温度を低からしむるため、前に述べたる如く水を注ぐ。そうする時はその肥汁流れ出づ。これには幾多の肥料分を含むゆえにこれを取り止むるためなり。また止めし肥汁を堆肥に注ぐも良し。

一、果樹害虫駆除　　三年一、二組

配当

一、葡萄施肥　同　三組
一、見本園手入れ　同　四組
一、校庭除草　二年全部
一、二、三年級は右実習の後各担当麦の手入れ
一、畜舎附近整理　一年一組
一、校庭果樹定植地除草　同　二、三組
一、西畑整理　同四組

明治三十九年　五月九日　水曜

気象　朝霧深く、後非常なる晴天となる

配当　一、運動会場手入れ　二，三年全部及び一年一組
一、砂運搬　一年三，四組
一、農舎畜舎附近整理　一年二組

観察

桜木台　豚舎、鶏舎、西方樹苗（果樹類に属するもの）その種類を挙ぐれば下のごとく、柿樹苗、蜜柑の台木（ゲズ）、桃樹等なり。

柿樹苗は未だ小にして一尺（３０㎝）内にあり。接木の台木となすは二、三年の後ならん。

ゲズ苗及び桃苗は一尺五寸（４５㎝）以上、二尺三寸（６９㎝）くらいより下にして而して成長はよろし。桜木の台には来春より適切ならん。

南果樹園の中、柿畑（即ち南第三番外）
柿樹の種類は左の如し
百目柿、西條柿、蜂屋柿の三種なり。（本数は東方より数えたるもの）
百目柿は一本、西條柿は十五本なり。その内一本は枯る。蜂屋柿は十九本にして中、二本枯死す。
全体柿樹は誠に生育不良にして何時柿のなるかも計り難し。これ、地味不良にしてかつまた施肥足らざるゆえならん。施肥足らざるゆえんは草その柿の回りに茫々と生い茂りしを以て施肥なすときはその草、肥を取り、かえって柿よりも大きくなりし事ありしを以てなる。然るにこの頃に至り馬耕し而して更に馬耙し整理せしを以てこれより成長よろしからんと思う。
柿の距離は二間二尺（４２０㎝）真方なり。
同畑の中西方
右なる柿の次に梨樹及び苹果樹あり。
梨は九本にして縦一間二尺（２４０㎝）横一間のところに植えり。
苹果樹は十一本にして右に同じ距離なり。共に五尺（１５０㎝）くらいに成長す。

※馬耙《ばは》…馬にならし鍬をひかせて土くれを細かく砕き平らにする作業。
※苹果樹…りんごの樹

明治三十九年　五月十日　木曜日

気象　晴天

配当　本日は午前八時半より全部運動会場整理に付き、その分担は一々記さず。

観察　人糞舎

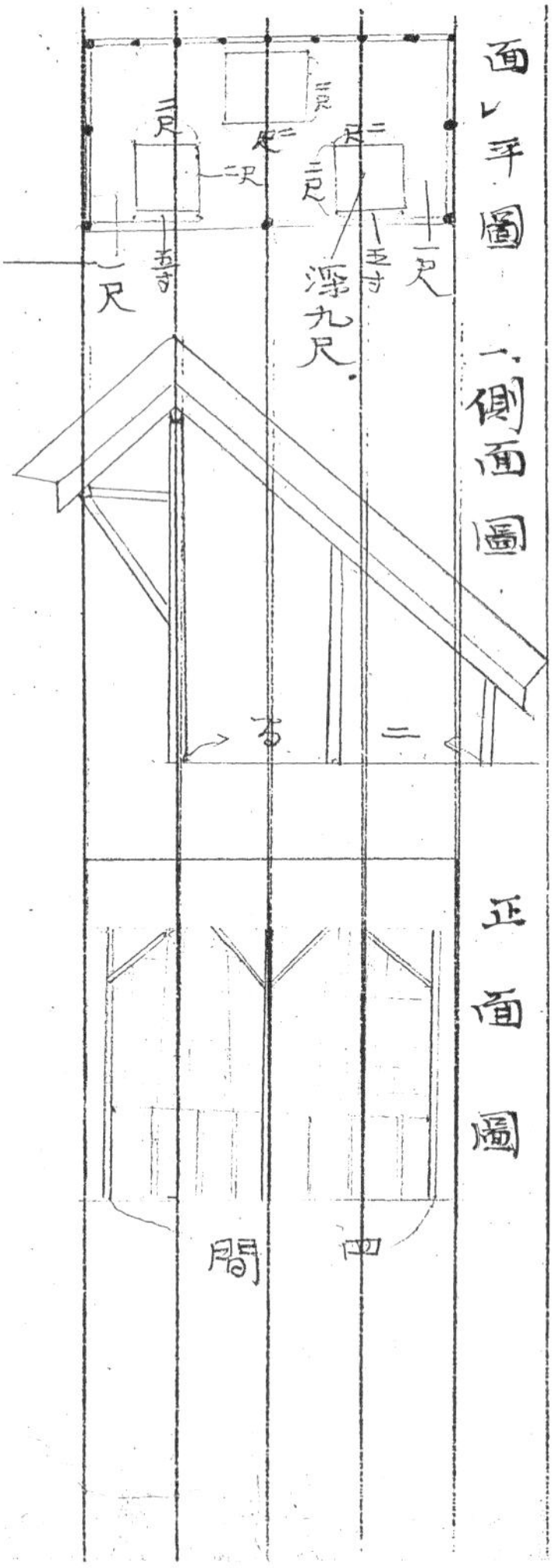

右に示せし如く縦四間（720㎝）にして横二間（360㎝）なり。肥壷は二尺（60㎝）真方にして深さは九尺（270㎝）なり。

特記

本校堆肥舎はあまり高くしてこれに伴う害はなきや（自身所感）然り。あまり高過ぎるため日光輝り入りて「アンモニア」を消費する恐れあり。また、風の吹きこむ恐れもありと思う。ゆえに今少し家を低く造る方よろしからん。

一、家の外部には後の外壁なし。故に「アンモニア」の消費するゆえ、外部には菰《こも》を掛くる事肝要なりと思う。

一、本校の肥壷には木の覆（蓋）のみなる故、この上に土を覆う事おおいに必要なりと思う。これも即ち「アンモニア」を逃がさざる様にするためなり。

明治三十九年　五月十一日　金曜日

気象　晴天

配当　午後八時半より全部運動会場整理

観察　南果樹園の内、番外第二号梨畑
西方より観察なしたるもの
赤龍十四本、重次郎十四本、同十二本、長次郎二本、平四郎三本、小雪二本、力彌二本、江戸屋三本、玉子一本、太古川一本、赤龍一本、淡雪五本、水熊五本
右の如く種類十一種、六十五本にしてその梨の株間は九尺（270㎝）真方なり。而してその棚の柱の間は九尺五寸（285㎝）真方なり。それにまたその間を三通りに棚を架せり。
右なる梨の高さは五尺五寸（165㎝）より六尺（180㎝）以上に延びたるもあり。またその間には一、二本四尺（120㎝）ばかりなるもあり。その梨は一、二本は棚に四方に貼り付けたれども、その他は未だそのままなり。、また西方より東方に向かいて小なれども生育は非常に可なり。
梨には至りて赤星病付き易ければこの予防として「ボルドー剤」を注射しあり。

※赤星病…梨の最も普通な病害。四月下旬より五月にかけて、降雨後に発生。葉を主とし、次いで新梢、果実に発生する。

※ボルドー剤…石灰ボルドー液あるいは硫酸銅石灰ともいう。硫酸銅、生石灰、水を調合して作る。菌類による病害の予防、球根類の消毒や地衣類の駆除などに著効あり。

明治三十九年　五月十二日　晴天　土曜

気象　晴天

配当　前日に同じく八時半より全部実習
観察　果樹園番外二号梨畑
東方より数えしもの
伯帝龍二十一本、世界一二十一本、伯帝龍七本、奥三吉七本。
前の如く三種五十六本にして一畦に七本、ゆえに八畦なり。棚造りになすものなれど未だ短きを以て仮植なり。その高さ平均四尺八寸（１４４㎝）くらいなり。物置南方果樹園附属地
特記　土当帰を三畦作れり。三尺（９０㎝）くらいのもの一畦、五尺（１５０㎝）くらいの畦二つとなれり。その土当帰を作るに右の如き幅にてその高さは二尺五寸（７５㎝）くらいなり。その高さにて側を蓆《むしろ》の如きものにて囲みその中には厠肥の如き温熱なるものを次第に積み重ねてあり。
土当帰は何故にかくの如き造り方をなせるか（自身）
これは一体に日陰のところを好み而して温熱ある土地を好む性あればなり。要するにこれはなるだけその茎肥大にして柔らかく、かつ白きを可とすればなり。

※土当帰…うど

明治三十九年　五月十三日　日曜

気象　大雨降り
配当　本日は休日なれども運動会準備のため全部実習
観察　南番外第一号畑

葡萄《ぶどう》（イ）シドレエッツサルダナ　洋種（ロ）ブラックハンギルク（ハ）アルスフローフィー（ニ）甲州葡萄（ホ）ハイラド
シドレエッツサルダナは八本あり。うち一本は枯死す。

洋種ブラックハンギルクは一本ありて右なる種類のうち一番大なり。これには葡萄沢山なれり。

アルスフローフィーは八本あり。

甲州葡萄も八本あり。

ハイラドは一本あり。

右なる葡萄は株間五尺五寸（１６５㎝）畦間九尺（２７０㎝）真方なり。皆至りて小なり。棚造りになす筈なれどもいつ掛け得る様とも図り難し。実に本校前、寄宿舎前なる葡萄と比較すればその生育不良なる事およびその幹の小なる事天地の差あり。
（イ）と（ロ）の間に梨「世界一」三本ありて、北方一本に梨一つなれり。よほどおおきくなりて美し。
（ロ）と（ハ）の間に奥三吉四本あり。右は何れも棚造りとなすものにして今五尺（１５０㎝）くらいに成長せり。
同畑葡萄の続き
枇杷その種類は西洋枇杷及び田中枇杷の二種なり。
西洋枇杷は八本のうち一本枯死す。一尺八寸（５４㎝）ばかりありて本年五寸（１５㎝）くらい成長す。
田中枇杷は二本あり。右に変わりたるところなし。

※枇杷…びわ

明治三十九年　五月十四日　晴天　月曜

気象

晴天

配当

明日は第三回開校紀念式を挙行せらるるゆえに、全部運動場整理実習を行う。

観察

南番外畑第一号

苹果、その種類は左の如し

（イ）満江（ロ）柳王（ハ）紅斛（ニ）中成子

（イ）は十一本ありて平均高さ三尺六寸（１０８㎝）ばかりあり。

（ロ）は十本ありて平均高さ三尺（９０㎝）くらいに成長す。

（ハ）は（ロ）に同じく十本ありて内三本は五尺（１５０㎝）くらい、後は二尺九寸（８７㎝）くらいなり

（ニ）は六本ありて三尺五寸（１０５㎝）くらいとなる

苹果はそもそも寒国に適する果物なり。ゆえに本校の如き暖かき所にては非常の手入れを成さざれば実を結ばずという。本校の苹果にこの頃呀虫多く発生せるを見る。

業事

本日は農夫二人にて免田村字二子の前、いわゆる、辻校医の家の東方に苗代を作れり。当日下種したり。

※苹果…りんご

※呀虫…あぶらむし

※辻校医…辻瀧郎。校医。明治三十六年四月～大正七年八月。死亡をもって退職。

明治三十九年　五月十五日　火曜

気象　雨天
配当　紀念式にて運動会挙行せらる故に実習なし
観察　南番外畑、第一号
桜桃二本あり。幹は良く梨に似たる木なり。而してその葉はさながら桜なり。桜桃の次に梨四本あり。未だその種類は明らかならず。
水蜜桃二種類あり。一、上海　二、天津なり。
上海水蜜桃は二十七本ありてうち一本枯死す。
天津水蜜桃は九本あり。
右なる桃は品種は少しも変わりたる所なけれども、その実において異なれりと云う。上海は形円く、天津は形長きと云う。
その高さは三尺（９０㎝）に及ぶものあり。而して大抵二尺五寸（７５㎝）くらいのところにて剪定せり。横に直径五尺（１５０㎝）くらいに成長するものありて今年は桃多く実を結べり。

※桜桃…さくらんぼ

明治三十九年　五月十六日　水曜

気象　晴　明治三十九年　雨定まりなし
配当　本日は運動会の翌日にて朝より休業
観察　南番外第一号北側垣根造り
早生赤梨にして十四本あり。二本に梨三つなり居るを見る。
この梨樹にはまたこの頃赤星病発生せるを見る。

特記

赤星病の駆除予防方法如何
右は発生せざる前に「石油乳剤」若しくは「ボルドー剤」を注射し置くを予防法の最適当なるものなり。
多く発生せるときは、「今井殺虫乳剤」を以て駆除するか、また見当たり次第に取り捨てまたは焼き捨てるを良とす。

※石油乳剤…石油と石鹸を合材としたもので殺虫剤として使用された。

明治三十九年　五月十七日　雨天　木曜

気象
雨天　風甚だし。夕方となり雨止む

配当
全部運動会後の整理

観察
第三号田、窒素肥料同価試験の内、基本区は青々として成長よろしく、大豆粕は申し分なしと思う。人糞区は少し劣れり。
穂並みそろうは日本油粕区にして次は鶏糞区なり。而して鶏糞区は至りて小なり。次いで小なるは毛髪区なり。焼酎粕区および醤油粕区は成長は可なれども幹小なり。故に本日の風にて右二区は非常に斃れたり。されば、収穫の上にも多少悪しからんと思う。
また本日の風にて第七号畑なる燕麦非常に斃れたるを見る。

特記
右の鶏糞区はなじめ一尺五，六寸（45～48㎝）くらいになる迄は、成育甚だ宜しかりしが今芒並を見るに一番小なり。如何なる理なるか。
鶏糞に含有するところの肥料分はじめに効きしものなり。いわゆるその内の肥料分早く分解せられたるものなり。よりてはじめは非常に成育よろしきも、しかるにその肥料溶解し終わりて今になりては最も小さきを示すゆえんなり。ゆえに牧草類の如き三尺四，五寸（102~105㎝）までしか成長せざる。而して余り日数を要せざる物には鶏糞を施すは最も適切なりと思う。

明治三十九年　五月十八日　金曜

気象　午前雨天、午後稍晴れに向かうも曇天なり。

配当　農具点検　二年三年全部

観察　第三号田の中燐酸肥料同価試験
骨粉区および米糠区は生育すこぶる佳良にして青々たり。とくに米糠区は穂揃いて誠によろし。
過燐酸石灰区、基本肥料区は右二区に比較し見れば、やや劣るところあり。
而して一体に上出来なり。
同田中、小麦播種法試験区
縦二条点播は草丈一番高し。同連播は稍劣る。昨日の風にて少々臥れたるを見る。
横雁岐連播は芒並揃いかつ少しも臥れず。而して草丈は右よりも一寸（3㎝）ばかり低し。

特記　この頃苗代の害虫、即ち「キリウジ」。「ガガンボ（蚊に似て大なるもの）」なるもの飽託郡に発生したる由なり。この虫は苗代のみならず、麦作をも

※キリウジ、カガンボ…ともによく似たムギその他禾穀類の害虫。大型の蚊のような形態。

害する事ありなり。その駆除方法はなきや。
さてその駆除方法の最も有効なるもの二、三を述べん。
一、苗代に十分水を湛え一夜間位放置すれば水中に呼吸する能わざる虫なるを以てすべて畦畔際に集まるべし。この畦畔の傍らに幅七，八寸（２１～２４㎝）の手畦を造り、苗代の水を引き落とすときは虫は手畦の周囲に残留すべきにより泥と共にこれを取り去るなり。
一、これはすこぶる簡易にて手畦の代わりに腐藁の如きものを畦畔際に置き、前法の如く水を湛えて虫をこの藁に誘集し、藁と共にこれを取り棄つるなりと。
（右は川上県技師の語）

※川上県技師…川上謙三郎。M3（一八七〇）八月、新潟県生まれ。M27年札幌農学校卒業。香川、大阪、福井の農学校教諭、技師などを歴任。M34（一九〇一）熊本県技師、農事巡回技師となった。

明治三十九年　五月十九日　土曜

気象
大降雨

配当
一、農具室整理　一年級全部
一、二、三年級は全部柔道なり

観察
校庭正門前の牧草
ルーピンは正に成熟して遅れし花一、二を残すのみ。
オーチャードグラス穂出揃い花咲きたり。
メドウフェスキューは穂出たるのみにして、黒きかとまごうほど青々として成長せり。

特記

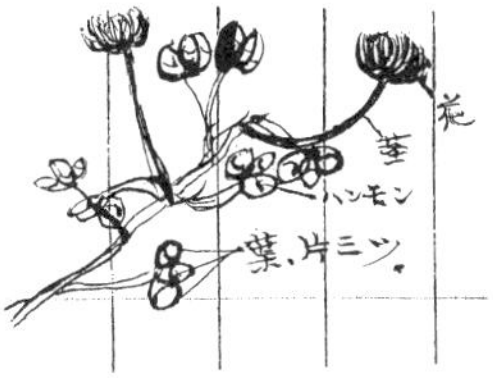

レッドトップは穂孕中なり。成育よろし。水色なり。

エーローオートグラスおよびチモシイグラスは殆ど右のレッドトップに変わるところなし。

レッドフェスキューは穂出で揃い、花まさに落ち終わらんとす。

ケンタッキブリウグラスは誠に小なり。而し穂出でたり。

レッドトップは良く「サンゴジ菜」に似て美し。ほとんど菜類と変わるところなし。

ローングラッスはレッドクローバー、ホワイトクローバーに良く似て、その花の付き具合は紫蕓英によく似たり。茎細長く、花は白なり。而して紫蕓英の花よりも密接して花弁多し。葉は型三つありて馬蹄形の斑紋あり。

本校東紫蕓英…九月二十日播き。

実正に熟せんとす。而して実の黒くなりたるは未だわずかなり。遅れて咲きし花一、二あり。

本日は鍬を給する。五十五号なり。

本校鶏舎に小砂利を散布せし理如何

鶏は吾人の知れる如く歯なし。ゆえに歯の代用となるもの胸の所に砂嚢あり。その砂嚢に即ち砂を蓄えり。而して鶏は物を口中よりはじめにこの砂嚢に送る。さればこのところにて一つの作用をなして物を細かに砕き、のち胃に送る仕掛けとなれり。ゆえに前に記せし如く歯の代用をなす事明らかなり。然るゆえに砂を置くなり。この反対に若し砂を置かざれば消化不充分のために下痢を起こし死す恐れあり。

また鶏は砂または石灰質の如きものを食せざる時は、その骨非常に柔となり遂に不健康の躰となる恐れあり。またその卵殻柔らかにして破るる恐れあり。ゆえにかくの如き（砂を敷く時は）理あるを以て敷くものなり。

気象

明治三十九年　五月二十日　日曜

曇天にして非常に暖かなり。午後五時頃より大雨降り

配当

なし

観察

第五号田、裸麦播種期試験

十一月五日播きは正に成熟に近し。青き所は１／３。この頃の雨風にて非常に倒れたるを見る。

同十日播きは五日播きにほとんど異なるところなし。そのうち右より穂並美しく草丈やや短し。

同十五日播は五日播きより一寸（３㎝）くらい低く、青、黄半々なり。

同二十五日播きは十五日播きより草丈やや低し。その他は同じ。

十二月五日播きは十五日播きに一寸（３㎝）くらい低く、今穂の半ば黄色となる。これもはなはだ倒れたり。

同十五日播は右十二月五日播きより更に一寸五分（４．５㎝）くらい低く、芒の所少し黄色にてその他は青々たり。

右なる麦は降雨のために最も倒れ方甚だしくして腐敗に近きもの三分の一くらいなりと見ゆ。

降雨について所感

本月十五日頃より雨天打ち続き殆ど以後は晴快なる日を見ず。圃場を見るに、青々と成長の途にありし作物も腐敗せるを見る。そのうち甚だしきは、大麦、裸麦、蕓苔、西瓜、瓜、南瓜等なり。次に燕麦、大根の如きものなり。右の麦はいずこのも同じく腐敗の状態となれり。少し早きに過ぐるは三分の一以上の腐敗なりと思考す。

西瓜の如きも早や、三分の一くらい腐れたるを見る。

蕓苔は降雨甚だしからざる時は早播きよろしき由なるも、本年ははなはだ早種は悪しく、遅種かえって収穫多からん。何となれば早種は早生熟せるあり。故に降雨或いは風のために折れ、その実、土地に付く。よりて常に湿気を帯ぶ。ゆえに種子には発芽に適せるを以て芽を出せるもあり。芽は出でざるも種子腐敗したるありて非常に不結果を来《きた》せりと思う。

大根等には害虫はなはだ発生したるを見る。

右の如く時候不順なるゆえ、本年は例年に比し、麦の黒穂病大いに発生蔓延せり。一つは農業者の不注意の結果なり。

燕麦の如きはまた倒れ方ははなはだし。

今はまた蚕飼の最中。四度目の寝りの前後ゆえ、桑非常に要《い》る時なり。然るに葉は皆雨に濡れ居るを以て、直ちに蚕に食わする能わず、ために蚕は一時生育を止むるならん。かくなりては三十五日にて繭を造るはずも五日間くらいも延ぶものあらん。されば、農業者の損なう事、数えつくす能わざるなり。実に実に時候の不順なるは農業界には一大変化を来《きた》すゆえ、このこの際注意せざる可からずと思う。

明治三十九年　五月二十一日　月曜

気象
雨天

配当
実習休業

観察
第五号田中裸麦種類試験区
島原、京女郎、膝八は良く似かよりて、うち島原は麦粒に少し紅色なるところあり。京女郎は黄色多く草丈少々高し。その他同じ。
右は三種とも成熟近し。
垂水、大粒はほとんど変わりたるところなく大抵成熟せり。
田代坊主、こびんかたげ、養父は良く似て黄色となる。その黄色、田代坊主は稍濃く、養父は少し黒味を帯ぶ。その味他同じ。
番外は、小麦にして生育すこぶる可なり。
同田中畦立法試験区
本校畦立法は穂並誠に美しく揃い、正に成熟に近し。
本郡在来畦立法は未だ三分の一くらい青く、右に比べ草丈も低くかつ不揃いにして倒れ方はなはだし。

業事
本日の業事、書き落としたればここに記す。
第六号田蕓苔種類試験中、佐伯、群馬、富山、肥後箒、東京早生の五種を刈り取りたり。

記事
桑の線虫（くはしらみ）（佐々木氏による）
学名 Osyll.sp.
族名　葉蚕族　半翅目

※桑の線虫…一名、カイガラムシ。多くは高木、中刈りに生じ桑樹の衰弱を来す。

躰区　扁平　色は淡緑。頭部は三角形　複眼は赤色、単眼は三個にして淡赤なり。触鬚は十節より成る。根部の二節は短大、残余の環節は皆長形なり。脚は短くして二つの爪を備う。翅は透明にして長く、腹部の末端を越え幅は稍広し。静止する時は翅はこれを背面に屋根形に横たえ、腹部はほとんど紡錘形なり。

躰長一分二厘（０．３６㎝）

幼虫の発生五月上旬ないし中旬。六月下旬ないし六月上旬に成虫となる。

害をなす有様。この線虫は桑葉に群棲して而してその葉の養分を吸収し而して成長す。

特記　線虫の駆除予防方法について

その害虫の付きたるまま鋏《はさみ》にて石油を入れたる金盥《かなたらい》の中に切り落とさば駆除するを得べし。

陰湿の地をさけ、なるべく日当たり良き地に桑を植え付くべし。かくする時はこの予防となるべし。

明治三十九年　五月二十二日　火曜日

気象　雨天

配当　なし

観察　本日より第二号田なる苗代に誘蛾燈を点火したり。個数三個。一反（１０００㎡）に対して五個のはずなり。

花壇

五月五日に観察せしもの
南第一番外は第十三号畑となる。

同第二番外は第十四号畑となる。

五月六日に観察せしもの
南番外第四号畑は第十五号畑となる。

同第五号畑は第四番外畑となる。

同第六号畑は南番外第一号畑となる。

人糞舎の後方即ち南の畑は畜舎附属地となる。

右なる元第二番外畑の東部一部分は東第四番外となる。

五月九日に観察せし豚舎および鶏舎の西方桜木台を植えあるところは果樹園附属地となる。

南畑果樹園第一番外（北方）なるは果樹園第一号畑となる。

同第二番外（中間）なるは同第二号畑となる。

同第三番外（南方柿畑）は同第三号畑となる。

東番外現在牛蒡《ごぼう》を植えし三角畑は東第一番外となる。

同麦の分蘖力試験区および野菜類の苗床およびその南方馬鈴薯栽培せるところは東第二番外畑となる。

本校門前の花壇
花ユーガオ六本、初雪三本、都の春三本。これは三種とも普通ユーガオによく似たり。遠山鳥一本、司江二本。殿上人なし。金蓮花二本ありて誠に生育よろし。葉・茎は蕗に似たり。

特記

七福神一本、泰山白一本、江満月一本、この三種は薔薇科にして七福神は六寸（１８㎝）くらいとなり蕾三つあり。紅色にて美なり。泰山白は正に枯死せんとす。江満月は七福神に似て高さ六寸（１８㎝）くらいとなり蕾は五つあり。これは桃色にして誠に美なり。尚、落としがこの他二種類あり。大湊、世界国にして、大湊は一尺（３０㎝）ばかりに成長す。世界国はほとんど野の薔薇と異なるところなし。
この外、美女撫子一株にして一寸（３㎝）ばかりとなる。石竹内国種、上に同じ。月見草、チキタリスの二種はなし。

畜舎管理について

一、総て家畜に対して親切丁寧を主として粗暴の取り扱いをなすべからず
一、器具、器械の取り扱いおよび畜舎保護に意を留めるべし
一、畜舎内或いは構内に於いて動物の危険の患ある釘その他の物品は努めて取り除くべし。
一、飼料を与え飼槽その他養器類は食後直ちに取り出し、清潔に洗浄すべし。
一、飼料は同量を一定の時に供すべし
一、畜舎の清掃は毎日一回行うべし。但し、鶏舎は一週間に一回石灰を散布すべし。
一、畜舎手入れは毎日一回行うといえども、労働せしものにありては二回以上行うべし
手入れ中、その畜類の性質を変悪ならしむる事あるゆえに、ことにこの点

に注意すべし
一、飼養者の性質は、家畜によくその関係を及ぼすものなるがゆえに、愛情を以て親しむべし
一、家畜の肥瘠は飼料によるは勿論なりといえども、また飼養者の取り扱いに関するや最も大なるがゆえに、はなはだ実に大いにこの点にことに注意を払わざるべからず。

気象観察

明治三十九年　五月二十三日　水曜

午前晴午後曇り夕になり西の雲焼け、赤くなりたり

馬

本校家畜　牛馬
一、市房号　青森県産、内国種、明治三十年生にして毛色は青毛なり。地方の種馬用に供す。牡馬。
二、凱旋号　母は内国種にして右同県上北郡三沢村産、父はトロツタウイルストク号にして米国ケンタッキー州産なり。ゆえに「トロッター」一回雑種なり。躰区は市房号より小にして元軍馬なりしをもって金丸を抜けり。これは本校にての農馬なり。九州牧場の産にして明治三十四年四月二十一日生。牡馬なり。

牛

一、弥生号　岡山県木村牧場の産。父エーヤシャー種、三日市号、母エーヤシャー種、第二蝦夷嵐。牝牛。赤褐白斑。明治三十八年三月五日に生まる。大きくなりてより乳を搾るの目的なり。

二、烏帽子号　熊本、高木大次郎方の産　父純粋ホルスタイン、第一ローヤル号、母ホルスタイン一回雑種泉号。ゆえにホルスタイン二回雑種、明治三十五年七月二十二日生。牡牛。黒毛。この牛は現今、地方の種用に供す。
三、紅葉号　父不明、母雑種江代号。牝牛にして黒斑色なり。
四、無名号　父本校烏帽子号、母同紅葉号なり。本年三月二十四日夜更けてより生まれたり。日数少し早く生まれたるを以てはなはだ生まれし当時よりは小なりし由なるが、この頃壮健となり乳より外に食物を少しは食す。大部大きくなれり。色は母親に良く似たり。只今母より乳を搾るを以て、夜のみ同居させ、昼は散らし置く。（午後四時頃乳は搾る）
右なる牛馬にはこの頃燕麦を少し切り日々交え食さす。

畜舎係谷口氏は語りて曰く、乳牛に麩を与えたる時は平時より一，二合（３６０cc）は必ず多く出づるという。

同家畜の中、豚

（イ）ヨークシャは白色なり。牡一匹、種用となるなり。
（ロ）バークシャは黒色にして牝一匹種になすなり。
右比較するに（ロ）は（イ）より少し小なり。

外にバークシャ二匹あり。牝は鹿児島県生まれにして、牡は熊本にて生まれたるものなり。右二匹は牡少々小なり。何故かというに、初め鹿児島県より牡牝二頭買いしも一頭は死したり。ゆえに熊本より買いしなり。

右（ロ）なるバークシャ三月十六日に子豚七頭を産めり。その内四匹は白にして後は黒斑なり。一匹は本月十六日親元を離したり。

同家畜の中、鶏

バフコーチン、先日喰い殺されたるゆえ、今は無羽。

業事　エイコク、牡一羽、牝三羽。アンダルシャン各一羽。
プリモウスロック牡牝各一羽。吐綬鶏（一名七面鳥）各一羽。
白色レッグホーン各一羽。
蕓苔は刈りしまま田に干しありしが、本日農舎に収穫したり。

※蕓苔《うんだい》…なたね。アブラナ科アブラナ属の一年草。実から油をとる。

明治三十九年　五月二十四日　晴天　木曜

気象　晴天

配当
一、燕麦刈り取り乾燥および収量調査　第一学年一，二組
一、瓜哇薯中耕施肥　同　三，四組
一、畜舎手入れ　同二年　一組
一、果樹園手入れ　同　二組
一、苗代螟虫駆除　同三，四組
一、麦作調査　三年全部
一、競作麦品評会立毛審査　二，三年審査員

※瓜哇薯…じゃがいも

※螟虫（メイチュウ）…鱗翅目イメガ科の昆虫の幼虫。ニカメイチュウ、サンカメイチュウがある。

業事　本日採卵採蛾数　蛾二〇八匹、卵三二六塊
本日第七号畑の燕麦を刈り取る。その生草量反当一、一八二貫一〇〇匁目（4432kg）なり。
第五号田の中、左のもの刈り取りたり。播種期試験区、十一月五日播き、十一月十日播き、十一月十五日播き、十一月二十五日播きは皆成熟せるが如く見ゆれども、二十五日播き等は黄熟の終りなり。外に十二月五日播き

は黄熟。同月十五日播きは乳熟なるをもって刈らず。

この外、番外を刈りたり。

裸麦種類試験区も皆刈りたり。外にまた畦立法試験区、内本校畦立法なるは完熟にして草丈三尺二寸（９６㎝）、球磨郡在来法なるは完熟せるもあれど、黄熟の終わり三分の一を占む。而してなお熟せざるところありて一部今未だ刈らず。草丈は右より一寸（３㎝）ばかり低し。

この外、大麦種類試験の中、ビンヤッコも刈りたり。その他なし。

昨日収穫せし蕓苔を本日種実を落としたり。その稈量は左の如し。

種類	佐伯	富山	群馬	肥後箒	東京早生
稈重量	一、四六〇	一、四二〇	一、八二〇	一、三四〇	一、一六〇

農夫は第一五号畑の大根第二回間引きおよび除草を行う。

第四号田　小麦播種期試験区
十一月五日播きは草丈四尺四寸（１３２㎝）にして降雨で臥《たお》れたり。

同月十日播きは右に五分（１．５㎝）低くして非常に臥れたり。

同月十五日播きは二畦の中一畦臥れたり。

同月二十五日播きは四尺二寸（１２６㎝）、十二月五日播き三尺八寸五分（１１５．５㎝）くらい、同月十五日播きは三尺六寸（１０８㎝）なり。

かくの如く播種期試験、各々異なるに従い、いわゆる草丈も遅き程全然小なり。

小麦種類試験区の中
菊池は草色となる降雨の害に三分の一くらい罹りたり。

宮崎は右なる麦に比し草丈一寸五分（4．5㎝）くらい高し。雨害はほとんど無し。ドースタラリー、フルツ、オレゴンの三種は降雨の害はほとんど同じく十分の一くらいならん。而して、オレゴンは少々臥《たお》れたり。
早小麦は宮崎に変わる事なし。
右の中、外国種は芒長く穂は主に扁平にして大抵水色なり。茎には白き粉の如きもの附けり。

記　事
二十二日以降点火採蛾数
二十二日
　百七十三匹
二十三日
　九十匹
二十四日
　百九十一匹
（二化螟虫のみ）

明治三十九年　五月二十五日　金曜日

気　象
晴天

配　当
一、葱の除草施肥　一学年一，二組
一、燕麦返し　同三組
一、校庭その他整理　三年三組　一年四組

業事

一、苗代、螟虫駆除　二学年一組
一、第七号畑、馬耕　三年四組　二年二組
一、畜舎手入れ　二年三組
一、東第一番外、牛蒡除草施肥　二年四組
一、第十五号畑、大根駆除　三年一組
一、救助嚢使用準備　三年二組
一、麦品評会立毛審査　二年級三組

観察

葱の除草を行い、後施肥を行う。その施肥の分量は左の如し。下肥二十五貫（93．75kg）を倍の水を加え五十貫（187．5kg）となし、五畝（500㎡）にこれを施したり。

而して肥一貫（3．75kg）には水は四貫（15kg）にて宜しき筈なりと。

本日の採蛾、採卵の数、（二化螟虫のみ）蛾は七十五匹、卵は七十塊なり。

大麦種類試験区
六角シュバリエーは草丈（イ）三尺三寸五分（100．5cm）、穂の長さ（ロ）二寸（60cm）。芒（ハ）三寸六分六厘（10．98cm）あり。降雨の害に罹りし事、恐らくこれに及ぶものなからん。ほとんど全滅の有様なり。而して九の一くらいは非害の種子あるならん。

ケープは（イ）三尺四寸（102cm）（ロ）一尺五寸（45cm）（ハ）三寸二分（9．6cm）あり。葉片殊に白く降雨の害は十分の一くらいなり。

ビンヤッコは（イ）三尺二寸（96cm）（ロ）一寸五分五厘（4．65cm）（ハ）七分（2．1cm）なり。成熟して以て早収穫したり。

ゴルデンメロンは（イ）三尺七寸（111㎝）（ロ）二寸（6㎝）（ハ）二寸八分五厘（8．55㎝）あり。十分の一くらい成熟せり。
若松は（イ）三尺六分五寸（109．5㎝）（ロ）二寸五分（7．5㎝）（ハ）四寸一分五厘（12．45㎝）あり。三分の二くらい被害あり。

明治三十九年　五月二十六日　土曜

気象
曇天

配当
一、大豆畑除草　第一学年一組
一、西畑麦刈　同二組
一、燕麦返しおよび紫雲英採種　同三組
一、苗代螟虫駆除　同四組
一、第七号畑、馬耕　第二学年一組
一、麦の調整　同三組　第三学年三組
一、校庭整理　第二学年四組
一、駆虫剤使用　第三学年一、四組
一、麦の立毛審査　第二学年三組　二、三年級審査員
一、畜舎手入れ　第二学年二組
一、葡萄《ぶどう》の誘枝　第三学年二組

業事
本日の採蛾数二六七四匹、卵三四四四塊

観察
第九号畑、裸麦鎮圧試験

※紫雲英《しうんえい》…れんげ草

四回区、五回区は草丈も同じくらいにして、実入りもよろしく一番良く成長せり。

二回区、三回区、草丈低く不揃いなり。

六回区は二、三回区よりもややよろしくその草丈においては、四、五回区よりも少々短く、而して可なりにはよろし。

第十号畑見本園
除虫菊は花三分の一、半くらい咲きたり。生育はよろしき方なり。

和蘭苺は今成熟の盛んなり。

米国直輸入防風は芹に似て一寸（３㎝）くらいあり。

同コンサラードは菠薐草に似て四寸（１２㎝）くらいとなる。

同萵苣インメンシティボストンマーケットに似て日本種に比すればよほど白くして縮みは大抵同じ。

米国直輸入早生西瓜《すいか》は四寸（１２㎝）ばかりとなる。

同輸入ハルバードは一寸（３㎝）くらいとなる。

菜豆は六寸（１８㎝）となる。

甜菜（一名砂糖大根）は一寸五分（４．５㎝）ばかりありて根赤し。

二十日大根は今豆粒大となる。

茼蒿は三寸（９㎝）くらいなり。

落花生、良くその葉、萩に似たり。今四寸（１２㎝）となる。

※菠薐草…ほうれんそう
※萵苣…ちしゃ
※菜豆…いんげん
※甜菜…てんさい
※茼蒿…しゅんぎく
※落花生《らっかせい》…ピーナッツ

明治三十九年　五月二十七日　日曜日

気象

雨天

夕方となり潔く晴れたり

記事

近来の天候と麦作。過日来の降雨については農家一般、多少の懸念を抱き居たるが、昨日に至り晴天となり農家ようやく愁眉を開きたるが、専門家の語る所によれば、本年の麦作は当初より決して平年作を下らざる豊況予想なりしを以て、過日来の降雨のため一部の地方は元より多少の被害ありしや疑なしといえどもこの晴天にしてここ三、四日も打ち続けば、裸麦は大抵収納済みとなるべく、而してその後の天候異変なきを得ば、本県下全体を通しての本年の麦作は先ず好結果を見るならんと。

特記

牝馬購入の注意。従来牝馬購入に当たり、単に外見の好きを貴ぶの余り、骨格小にても華奢なるものを選ぶの風あり。昨年当郡に購入せるもの、この種類多かりし由なりしが、この種の牝馬に限り胸挟小にして実用的の良馬を産出する事能わずはなはだ不利益なり。ゆえに牝馬を購入するときは須らく骨格丈夫にして大きく胸幅広く尻の広くして長きものを選ばざるべからず。

明治三十九年　五月二十八日　月曜

気象

晴天

配当

一、紫雲英採種　第一学年第一、四組

業事

観察

一、林檎除草　第一学年二組　第二学年一組
一、運動場整理　第一学年第三組
一、螟虫駆除　第二学年第二組
一、農道整理　第二学年第三組
一、畜舎手入れ　第二学年第四組
一、牧草の返し　第三学年第一組
一、殺虫防腐剤使用　第三学年第二、三組
一、見本園手入れ　第三学年第四組

本日採卵　蛾の数は卵二八九塊　蛾一三四匹

第二号田の中苗代

肥後坊主六寸三分（１８．９㎝）くらいにして成育最も宜し
五斗夜食六寸二分（１８．６㎝）くらいにしてこれも成長佳なり
都、穂増は五寸九分（１７．７㎝）くらいにして薄し。
竹成は四寸九分（１４．７㎝）にして成長の程度は普通なり。
白藤は六寸二分（１８．６㎝）くらいにしてこれも普通なり。
神力は五寸五分（１６．５㎝）くらいにして右に同じ。
伊勢稲は五寸七分（１７．１㎝）くらいにして同じ。
駿河坊主は草丈一番大きく六寸五分（１９．５㎝）くらいとなる。而して
肥後坊主に比すれば成長の具合はやや劣る様に見ゆ。
雄町は五寸八分（１７．４㎝）くらいなり。
大坂坊主は六寸（１８㎝）くらいに成長せしかど、至りて悪し。

竹成撰五寸（15㎝）くらいにして普通なり。

右苗代を比較し見るに南方は丈高く、色濃くまた茎太く成長すこぶる佳なれども北方になるに従い非常に小さく悪し。

これ北方は一体に日陰多く、かつまた幾部分その底に木の根侵入居るならんと思う。

明治三十九年　五月二十九日　火曜

気象
晴天

配当
一、東番外、苗床除草　第一学年第一組
一、燕麦返しおよび運動場整理　第一学年二組
一、螟虫駆除　第一学年三組
一、果樹園手入れ　第一学年四組
一、畜舎手入れ　第二学年一組
一、見本園および花壇手入れ　第二学年二組
一、普通栽培区、麦の調整　第二学年三組
一、農道整理　第二学年四組
一、殺虫剤使用　第三学年一、四組
一、試験区、麦の調整　第三学年二、三組
一、麦品評会審査　第二、三学年　審査関係者

業事
本日の採卵採蛾数蛾二七七四、卵六一七塊

観察

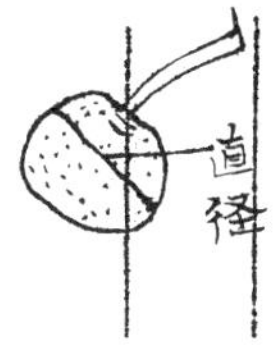

門前の梨の垣根造りは成育よほど宜しくして若芽二尺一寸（63㎝）くらいに成長す。その実直径七分一厘（2．13㎝）くらいあり。而して皆赤星病に罹れり。

東第一番外畑

大浦牛蒡三寸（9㎝）、梅田は五寸（15㎝）、砂川は四寸五分（13．5㎝）あり。

大浦は全体あまりよろしからず。梅田は生育よろし。

番外牛蒡に至りてははなはだ不良なり。

麦刈る

大麦種類試験区の中

収穫

六角シュバリエー、コールデンメロンの二種刈りたり。

この外、大麦播種期試験中十二月五日播、十五日播、収穫したり。

記事

桑の病害に就いて

桑樹の萎縮病に関してはこれまでその原因につき区々の説あり。中にも一種の微菌、桑根に寄生して発病するものなりとの説、ほぼ世人に信を置かれたるが如しと雖も、今岡山県下に於ける種々の調査に依れば、一旦萎縮病に罹りたるものもその病患部を截去し、或いは截去せず只根拵《こしらえ》をなし、或いはその掘り取りたるまま他の圃地に移植する時は健全体に復するもあり。また病患に罹りたるものも技條を苅り取らずして、そのまま圃地に立通し仕立とするときは、恢復するもの過半なりとの事を確かめ、猶病患に

※赤星病…日本梨に多い病害で、四～五月ごろ葉面に黄色の小点を生じ、これが拡大して表面が黒くなり、裏面が膨らんでさび色の毛状体が突出する。

※桑樹の萎縮病…クワの生育期間中を通じて発生。葉は収縮して色あせる。4～5割余の被害あり。

罹りたる技條を埋伏して接木取りの苗に仕立てるときは親株は病に罹りたるものなりとの説は事実を誤れるものなりとの事、ほぼ明らかなり。全く苅り桑仕立てに由る一種生理的の変化なるべしとの説、今日勢力を得る事となれり。この説によれば、桑は立通し仕立となすときは全く萎縮病の患を避くることを得るを以て、将来桑園を開かんと試むものは在来の刈桑法を改めこの方法に従うべしという。

明治三十九年　五月三十日　水曜

気象

晴天

配当

一、前庭果樹園草地除草　第一学年第一組
一、螟虫駆除　第一学年第二組
一、果樹園間作準備　第一学年第三、四組
一・校庭果樹手入れ　第二学年第一、三組
一、畜舎手入れ　第二学年第二組

観察

一、馬耕　第二学年第四組
一、麦の調整　第三学年第一、四組
一、梨苗床除草　第三学年第二組
一、見本園手入れ　第三学年第三組

業事観察

本日の採卵採蛾、卵三八四塊、蛾一九五匹

東第二番外、中苗代に播種しあるもののみ。

苗の移植

米国政府茄子は三寸三分、清国大円茄子は三寸、巾着茄子、千成茄子、佐土原茄子は各二寸二分くらいなり。その内、佐土原茄子は茎の所、紫色の別種に比較し殊に濃厚なり。東京山茄子は二寸（６㎝）成長す。右茄子は何れも生育は宜し。

羽衣甘藍は二寸（６㎝）くらいにして害虫多く出で来たりて殆ど食いつぶす有様なり。大玉、子持、花椰菜、無甘藍、大黄は一つも生ぜず。

洋芹は三寸（６㎝）ばかりとなる。塘蒿は五分（１．５㎝）ばかりにして薄し。石刀柏は三寸五分（４．５㎝）なり。赤、青紫蘇は赤は六寸（１８㎝）青は五寸（１５㎝）にして生育非常に宜しく厚くなれり。鷹爪蕃椒は一寸（３㎝）、八房蕃椒は一寸七分（５．１㎝）あり。

葱の中、根深は六寸三分（１８．９㎝）、千住は約五寸（１５㎝）、岩槻は四寸五分（１３．５㎝）、下仁田は四寸五分（１３．５㎝）、赤玉葱は五寸（１５㎝）にして薄し。韮葱は六寸五分（１９．５㎝）あり。

塘蒿オランダミツバは漸く僅かに発芽せしのみ。（右苗床のみ）

韮葱と普通葱は五月二日観し時迄は殆ど、否少しも変りし所なければども今は全く異なり韮葱は葉片扁片となり普通の葱円く生長せり。

瓜哇薯は一尺（３０㎝）以上となる。生長頗る盛んなり。

東番外に下種せし（四月五日）清国大円茄子、千成茄子、巾着茄子、東京山茄子、佐土原茄子、米国政府茄子、蕃茄子は各四株宛見本園（西瓜ハルバートホニイ芽出ざりしによりそのところに）内に移植せり。その他青紫蘇を移植せり。

※石刀柏…アスパラガス

明治三十九年　五月三十一日　木曜日

気象　晴天

配当
一、螟虫駆除　第一学年第一組
一、果樹園手入れ　第一学年第二組　第二学年第三組
一、紫雲英の採種　第一学年第三組
一、校庭果樹園草地手入れ　第一学年第四組
一、麦の調整　第二学年第一、二組　第三学年第三組
一、畜舎の手入れ　第二学年第三組
一、見本園手入れおよび幻燈準備　第三学年第一組
一、葡萄整枝　第三学年第二組
一、校庭整理およびテニスコート手入れ　第三学年第四組
一、麦品評会審査　第二、三年級審査関係者
一、搾乳実習　隈本外四名

業事
第九号畑鎮圧試験区大麦を根ながら本日収穫したり。うち西方五畝歩は馬耕し更に馬耙したり。

コンデンスミルク
その他練乳を造れり。その量の如きは記事欄に示す。
採卵、採蛾数。卵は百二十五塊、蛾三百八十七匹。

観察
第十四号畑、落葉松は三十八年四月二十五日下種にして今は四寸五分（13．5㎝）の大きさに成長したるなり。色は未だ水色にして茎柔らかなり。
朝鮮五葉松は右同日下種にして二寸一分（6．3㎝）あり。

※隈本…本校二回生。隈本完光。明治四十年三月卒業。

記事　大豆はほとんど見る所なし。幹は瘠せ、葉は虫より食われ、草丈は低く遊離窒素を吸収すべき根瘤は出来ず衰えにけり。

第十五号畑の紫二十日大根は茎、根ともに紫色にして根末だ小なり。黄二十日大根は茎やや黄色を帯び、その根は廻り四寸（１２㎝）くらいとなる。

本校の紅葉号より搾る一日の量は二升（３．６ℓ）くらいにして、子に飲ませる時は九合（１．６２ℓ）より一升二合（２．１６ℓ）くらいとす。

特記

本校の牛乳及び練乳製法について

牛乳一升（１．８ℓ）の重量六百三十三匁目（２３７３．７５g）あり。（本日量りしもの）

練乳を造るに用いし量は左の如し。

牛乳一升（１．８ℓ）、白砂糖四十匁目（１５０g）

右の割合にて製造し上げたる全重量百十一匁目（４１６．２５g）

以上の製品は製造中火力強からず、また弱からずして水分の蒸発宜しき時は良好なる練乳を得るなりという。

明治三十九年　六月一日　晴天　金曜日

気象　晴天

配当

一、果樹園手入れ　第一学年第一組

一、紫蕓英採種　同二組

一、果樹手入れ　同三、四組

一、蕓苔収穫　第二学年第一組

※紫蕓英…れんげそう

※蕓苔…なたね

業事

観察

陸稲下種

一、畜舎手入れ　同二組
一、梨袋および農談準備　同第三学年第一組
一、麦の調整　第二学年第三、四組　第三学年第二組
一、馬耕　第三学年第三組
一、苗代螟虫駆除　第三学年第四組
本日の採卵六十九塊、採蛾十三匹。蕓苔は先日の残りのみ刈りたり。

本校温床
これは物置の後方、果樹園附属地の一部分のところにして五つの床あり。各々長さは二間（３６０㎝）、横三尺八寸（１１４㎝）、深さは二尺（６０㎝）以上なり。これには馬糞、木葉等をその底に埋め、その上に沃土（肥土）を蔽いて平面となせり。更にまたこれに木製の框《かまち》をはめる。この框《かまち》は南に傾けり。その傾ける後方は一尺二寸五分（３７．５㎝）、前方低き方は八寸（２４㎝）あり。これには開閉すべき障子あり。硝子製および油紙にて造れるものを使用せり。その框《かまち》の板は松の如きものにて造るを良とす。これに用うる作物は莢豌豆、茄子、胡瓜等にして本年栽培せしは茄子、トマト、胡瓜なり。いずれも生育可なり。現今残りしは東京山茄子、米国政府茄子、蕃茄《とまと》、胡瓜なり、いずれも四月二十四日移植にして成育すこぶる可なり。

※莢豌豆…さやえんどう

陸稲種類試験（第九号畑）
下種期、六月一日、即ち本日　前作物、裸麦
下種量、反当四升（７．２ℓ）　下種法、條播

記事

特記

畦幅一尺八寸（54㎝） 地積各区一畝

肥料用量、反当人糞三十貫（112．5kg）

堆肥三百貫（1125kg）、大豆粕十貫（37．5kg）、過燐酸石灰五貫（18．75kg）

追肥 木灰十貫（37．5kg）、下肥百貫（375kg）

その陸稲の種類を挙ぐれば左の如し

凱旋、白藤、霧島、尾張、糯。

三十一日点火誘殺蛾数十四

温床について

温床の框《かまち》の中には摂氏寒暖計を挿入して土中の温度十六、七度より二十度の中にあらしむるべし。

かくて床面を少しく東南方に傾斜せしめ西北方には蓆を立て空気入らざる様注意すべし。かくするときは馬糞の堆積熱と日光の熱にて框《かまち》内は暖かになり寒き風は障子に隔てられ侵入する事なきなり。夜間は障子の上に蓆を蔽いて地温の逃散を防ぐべし。

十月、十一月の頃に播種せば寒中に採取するを得べし。要するにこれを採取する遅速の望みに依りて、その馬糞の量の厚薄を異にするなり。量少なければ温度低きがゆえに成熟もまた遅るるなり。

※蓆…むしろ

明治三十九年　六月二日　土曜日

気象　曇天

配当
一、第一学年全部休業
一、麦の調整　第三学年一、三組　第二学年一、二組
一、果樹手入れ　第二学年三組
一、螟虫駆除　第二学年四組
一、梨袋被《おお》い　第三学年二組
一、馬耕　第三学年四組

業事　本日採卵百六十塊、蛾三十一匹

観察
第十一号畑
(イ)菊坐南瓜(ロ)縮緬南瓜は最長のものにして何れも一尺二寸五分(37.5㎝)にして(ロ)は色(イ)よりも少し濃厚なり。
(ハ)ハッパードは色右に比し、少し黄を帯びて今二尺一寸(63㎝)程となる。
(ニ)西京南瓜は(イ)に似て一寸(3㎝)ばかり短し。
右南瓜は生育いずれも可なり。
西瓜、大冬瓜は五寸(15㎝)ばかりにして生育不良なり。
丸扁蒲は四寸(12㎝)くらいにして色は草色の最濃く生育宜し。
長扁蒲は八寸(24㎝)くらいにしてその他右に同じ。
梨甜瓜、大甜は二寸(6㎝)、大長越瓜は三寸(9㎝)くらいに生育せり。
大青胡瓜は五寸(15㎝)くらいとなりたれども不良なり。

記事　六月一日点火誘殺蛾数七十二匹

特記

本校の梨に被いをせしは何の利あるか。
一、害虫の侵害を防ぐためなり。若し一度害虫、種実を侵すやたちまちその種実を食い終わるなり。さればぜひとも被いの必要あり。
二、被いをなすときは成熟を完全ならしむ。これ風雨、害虫等の害を防ぐ故を以てなり。

明治三十九年　六月三日　日曜

気象

晴天

記事

蚕室について。農家が居宅を蚕室と兼用する場合に於いて注意すべき件(千葉、川井氏に依る)
一、室内には空気の流通は勿論、光線の到達も十分ならしむべし。
二、各室の天井には排気窓を開き屋根には空気抜を設け、室の中央には炉を設くるを良とす。
三、庇《ひさし》深きときは、これを浅くし、熱気烈しく侵入する患あるときは廊下を設くるか、または適宜これを防ぐ方法を行ふべし。

明治三十九年　六月四日　月曜

気象

雨天　夕方となり雨止み、西方晴れたり

配当

搾乳実習および練乳製造実習　隈本外八名

観察

一学年全部柔道、その他休

本校家畜飼料一覧表

種類	大麦	麬	米糠	乾草	食塩	敷藁	残飯	青菜	備考 一日の飼料
市房	二升○○	一升○○		一〆五○○	五勺	一〆五○○			二○銭九
凱旋	一升五○	一升○○		一〆○○○	五勺	一〆五○○			一六銭七
烏帽子	二升○○	一升○○		一〆五○○		二〆○○			二一銭九
紅葉	一升五○	一升○○		一〆○○○		一〆五○○			一六銭七
豚			○升八○	豆腐粕 ○〆三○○		○〆五○○	○〆三○○		五銭二
仔豚			○升五○	○〆一○○		○〆三○○	○〆二○○		三銭三
鶏	○升○三	○升○五	○升一○	ゴマメ一日に三厘に相当する量を与う					○銭七
雛	屑米 ○升○三	○升○二	○升○四						五厘二毛
吐綬鶏	○升○五	○升○五	○升一○						八厘
弥生	一升○○	一升五○		一〆○○○	三勺	一〆○○○			一四銭○

記事

六月三日点火誘殺蛾数十六匹

明治三十九年　六月五日　火曜

気象

晴天

配当

一、紫雲英採種　第一学年一、四組

業事観察

一、果樹園手入　同二、三組
一、用水および汚水路設置　第二学年一組
一、温床框掘り揚げ　同二組
一、見本園手入れ　同三組
一、畜舎当直　同四組
一、棚作葡萄整枝　第三学年一組
一、梨袋被《おお》い　同二組
一、苗代螟虫駆除　第三学年三組
一、ボルドー液使用　同　四組
一、実習前小麦作立毛収量鑑定　一、二年級全部
本日の採卵七十五塊、蛾二十六匹
本校温床五框のうち、三框本日掘揚げたり。
備考、本日第六号田普通栽培、小麦作立毛収量鑑定には（反当）
　一石一斗九升五合（215．1ℓ）と記したり
畜舎清掃時間　午前六時半より七時半まで午後四時より五時までとす
朝、給水時間　午前七時半より七時四十分まで
飼料給与時間同七時四十分より八時まで
家畜手入時間同八時より八時三十分まで
昼、飼料給与時間同十一時半より十二時まで
但し午後一時より二時二十分まで草刈時間
運動時間　午後二時二十分より三時まで、ただし牛馬放牧

夕、家畜手入時間　同三時より四時まで
給水時間　同五時より五時十分まで
飼料給水時間　同五時十分より五時半まで
器具整理および畜舎周囲清掃、午後五時半より退出
昨日、本日観察の備考
大麦一升（18ℓ）につき四銭、一升の重量二百五十匁目（937．5g）
（ただし当時の品にして）
米糠同二銭二厘　一升の重量二百匁目（750g）
麬同　二銭八厘　一升の重量百六十匁目（600g）
乾草一貫（3．75kg）につき四銭五厘
敷藁同　二銭
残飯一貫目八銭
ゴマメ一升十四銭　一升の重量百十匁目（412．5g）

記事

右の外、略す
六月四日点火誘殺蛾数二十一匹

明治三十九年　六月六日　水曜

気象

午前晴天　午後曇天　夜十時半頃より雨

配当

一、西畑第一号、除草　第一学年第一組
一、紫雲英収穫および調製　同二、三組

業事

観察

一、西畑番外地、耕起　同四組
一、畜舎当直および搾乳　第三学年一組
一、苗代螟虫駆除　同二組
一、蕓苔調製　同三組
一、麦調製　同四組
一、玉葱栽培準備　第二学年一組
一、用水および汚水路設備　第二学年二組
一、葡萄整枝　第二学年三組
一、第三号田、整理　同四組
二学年級はそれより担当田麦刈取をなしたり

記事

本日の採卵六十塊採蛾五匹
東番外、馬鈴薯僅かに花開きたるを見る。
小麦種類試験区の中菊池、第三号田の中、播種方法試験、燐酸肥料同価試験区、窒素肥料同価試験区何れも本日収穫せり。
昨日の点火誘殺蛾数十三匹

特記

本校播種法試験区について私見
本日刈り取りし右試験区を見るに縦二条連播および縦二条点播は非常に倒れたる形あり。これに反し横雁岐連播は少しも倒れたる形なし。これにつき考ふるにこの地の風は大抵西、東に吹くが如し。ゆえに右なる縦連播、点播はその畦南北に延び、雁岐連播は畦は南北に延びるその播き方は西、東なり。さればその前二者はその風に当たる事甚だしきを以て倒れる事も甚だしからん。後者は良くその風を通すが故に倒れる事少しと思う。右二者の如く倒れたものは、その収穫も倒れざりしに比較して多少劣るならん。尚これにつきては調ぶる価値あるべし。

明治三十九年　六月七日　木曜

気象

雨天、夕方となり雨止みたり

配当

一、畜舎手入　第二学年一組
一、麦調製　同二組
一、蕓苔調製　同三組
一、油粕破砕　同四組
一、獣医実習　三学年全部
第一学年全部実習休業

観察

第九号畑
陸稲五種ともようやく二、三の発芽あるを見る
第十一号畑、南瓜の種類ハッパード、十三程開花せるを見る。誠に早生なるを覚ゆ。
第八号畑、生徒競作小麦はまさに成熟せるもあり。而してその中には未だ乳熟期なるあり。これ土地の均力如何にもよるべけれど、つまり覆土の深さ浅さに関係するものなりと思う。
右の中桑原朝一君の試作最も可なり。揃い方も頗る美しくして見事なり。

※桑原朝一…本校三回生。明治四一年三月卒業。

記事

六日点火誘殺蛾数十七四
人吉試作
三十八年度冬作麦（こびんかたげ）反当収量左の如し。

区名	肥料用量反当	反当玄麦	収穫稈	一升重量
基本肥料区	基肥二〇〇貫。焼酎粕三貫。下肥三個。	一石　四六三合	五〇〆　八三〇	三四〇匁
過燐酸石灰区	基本肥料に過燐酸五〇貫を加う	一石　六七升〇合	六〇〆　六六七	三四〇匁
骨粉肥料区	基本肥料を骨粉三〆八五〇を加う	一石　七五七合	三八〆　八〇〇	三四五匁

明治三十九年　六月八日　金曜

気象
雨天

配当
観察
獣医実習　第二学年全部
柔道　第一学年全部
第三学年実習休業

観察
第九号畑の陸稲、昨日より僅かに多く発芽したり。而して本日は鳥のために甚しく引きもがれたり。実に鳥害は著しければ注意すべき事である。第一号田、生徒競作麦は刈りしものもあれば、刈りしままの圃場に置き雨に漏らししもあり、或いは刈り倒さざるもあり。されば品種も非常に異なるものなれば、この如く競作田にありては差違ことに甚しきゆえ、注意すべき事なりと思う。一体に麦は良好なりし。第十二号生徒競作麦は生育甚だ不良なり。而して今や正に完熟に近からんとしつつあり。

特記

東番外、馬鈴薯は十分の一くらい開花せり。

本校果樹園附属地にて栽培せる煙草にその葉を粗食する害虫あり。駆除法はなきや。

右なる害虫は煙草の青虫の幼虫なり。これは見当り次第、手にて取り去る外なし。而して昼は陰にひそむを以って見付け難きがゆえに、朝八時頃までのうちか或は夕方取る方よろし。煙草の成長するに付けてこの虫も大きく成長し、遂にはその煙草の幹に食ひ入りて、その煙草を枯死せしむるに至るを以て注意すべし。

注意　以後、新聞等の記事は別に記事類集帳を調製なしてそれに書する事にして、この日誌にはその記事中、入用のもののみを記載す。

明治三十九年　六月九日　　土曜日

気象　雨天　夕方となり晴れたり
配当　実習休業
観察　校庭の牧草
ルーピンははや成熟に近くなり、たまには成熟せしもあり。オーチャードグラスは穂出で花まさに落ちなんとしつつあり。
メドウフユェスキューは生育すこぶる可なり。
レッドフユェスキューは右よりやや落ちたり。
ケンタッキブリューグラスは最も不可なり。

エーローオートグラスは穂は未だ出で揃わざれど、右より尚ひとしお成長可なり。
チモシーグラスは右なると何ら変るところなし。

明治三十九年　六月十日　日曜日

気象　曇天

校外観察

観察

本日は休日を幸に朝より原口君の家に田植えに行きたり。田植えの有様を見るに誠に粗放的にして因循なる事、未だ縄張に馴れざるためかその抜の非常に不眞直なり。今はまた処々ほうぼう田植の始まり居れり。或ところの田には昔の様に習い、縄張らざるところあり。かくの如きは実に措《おし》むべき次第にて、改良の方法を教えざれば国家経済上大いに不利なりと思う。誠に地方の農業発達せざるは措《おし》むべきの大なり。

※原口…原口文男。本校四回生。明治四十二年三月卒業。

明治三十九年　六月十一日　月曜

気象　晴天

配当

一、試験区、麦調製　一年一、二組
一、第十四号畑、埋打　一年三、四組
一、担当麦扱および調製　二年全部
一、東第二番外、瓜哇薯手入および灌漑渠設定　三年一、四組

業事
一、畜舎手入　三年二組
一、苗代螟虫駆除　三年三組

観察
本日の採卵二十一塊、蛾九匹
第四号田、播種期試験のうち十二月十五日播
第六号田、普通栽培および第二緑肥試験区
第四号田のうち、小麦種類試験中オレゴンを除くの外、大麦種類試験区においてケープ
第八号田、第十二号田、生徒競作麦（品種早小麦）
右は本日残余なく収穫結了せり。

記事
昨日即ち十日。第五号田西方に稲の期節試験（品種は未だはからず）をなすため苗代より本日移植を行う。その東西縦間は一尺（３０㎝）、南北横間は八寸（２４㎝）なり。而し十二畦なり。
右の外、昨日は第十一号畑の手入および東番外第二号畑の手入れを行い後施肥。その分量は（不明）　右は農夫のみにて行えりと。

明治三十九年　六月十二日　火曜

気象
晴天

配当
一、灌漑渠設定および玉葱栽培準備　一年一、二組
一、試験区調製　二年全部
一、葡萄棚造　三年一、三組

業事　一、苗代螟虫駆除および見本園手入　三年二組
一、畜舎手入　三年四組

観察　本日の採卵五塊、採蛾なし
本日は東番より蕃茄を見本園に移植を行う
第九号畑の陸稲。時候その発芽に適せしか、皆発芽して早や二寸（6㎝）ばかり成長せしもあり。

記事　点火誘殺蛾数　七匹　八日夜
同　五十四匹　九日夜
同　四十九匹　十日夜
同　百十一匹　十一日夜

明治三十九年　六月十三日　水曜日

気象　晴天朝、霧深く夜に至りて風烈し

配当　第十二号畑、埋打　一年一、二組
第六号田、麦調製　一年三、四組
担当麦調製　二年全部
第四号田、試験麦調製　三年一組
油粕破砕　三年二組
葡萄棚枷および整枝　三年四組
農場に関する調査　三年三組

※蕃茄…とまと

業事
本日破砕したる日本油粕一升（1．8ℓ）の量二百四十匁目（900g）

観察
第十一号、畑蔬菜の内大青胡瓜、極早生胡瓜、および西畑第一号に栽培せる茄子に花多く咲きたり。
東番外、馬鈴薯の花の咲きたるを切り取り有るを見たり。

特記
馬鈴薯の花の咲きたるを切る理由を問う。

この馬鈴薯なるものは百合等と等しくその種子は茎、更に分けてその地下茎なるものより取るもの世間一般認むるところなり。

しかるに花咲きたらんには雄雌蕋を有するゆえ、実を結ぶこと明なり。もしそのままにして実を結ばしむるときはその求むるところの根、いわゆる薯なるものは実に小なるものにて大なる種実を得ず。何となればその成分花の方に行くを以てなり。

またその花より出来し実を繁殖用に供するときはその形質を異ならしめ、実を小ならしむるゆえ切り取るを良とす。

※雄雌蕋…おしべとめしべ

明治三十九年　六月十四日　木曜

気象
晴天

配当
麦扱落および調製　第一学年一、二、三組
油粕破砕および畜舎手入　第一学年四組
水田畔打および担当麦収量調査　第二学年全部
茄子施肥　第三学年一、三組

観察

葡萄棚枷および整枝　第三学年二組
胡瓜施肥および敷桿撒布　第三学年四組
田第一号、第二号、第四号、第六号本日馬耕したり。
第十号畑、即ち見本園の苺は今や実は一つもなく三畦とも下葉より全然枯れにつきたり。
落花生および茼蒿は青々として成長の途につけり。

※茼蒿…しゅんぎく

明治三十九年　六月十五日　金曜日

気象

朝霧、晴天

配当

第三号田、整地　第一学年一、二組
苗代駆虫および畜舎手入　第一学年三組
葱施肥培土　第一学年四組
水田畦塗および整地　第二学年二、三、四組
担当収量調査　第三学年全部
挿秧期試験区試験挿秧　第二学年一組

※畦塗…田植前に水田で行う作業の一つ。壁土状とした土壌を鋤の背で畦に塗りつける。灌漑水の漏出を防ぎ低く拡がった畦を正すことを目的とする。

※挿秧…田植

観察

第五号田に本日十二畦移植を行う。

第十一号畑、菊坐南瓜は数多く開花せり。

縮緬南瓜は今一、二開花せり。

ハッパードは花盛りにしてその葉茎はその南瓜に比較し見れば非常に黄色を帯ぶ。これはこの南瓜の性質ならん。

※ハッパード…カボチャの一品種。明治初年アメリカから導入。明治十一年札幌農学校で試作され、明治四十五年頃、一般に普及。

西京南瓜は縮緬南瓜に等し。要するに右なる南瓜は何れも成長盛んなり。

明治三十九年　六月十六日　土曜

気象　雨天

配当　午前の実習、朝八時より
畑地埋打　第一学年全部
水田整地　第二学年全部
肥料調製および撒布　第三学年全部
午後の実習
肥料調製および撒布　第三学年三、四組　第一学年一、二組
水田整地および畦畔塗り　第二学年一、二組　第一学年三、四組
苗取り　第三学年一、二組　第二学年三、四組

業事　本日撒布せし肥料は堆肥二百貫（７５０kg）、油粕十五貫（５６．２５kg）
過燐酸石灰七貫（２６．２５kg）計六円

観察　第十一号畑の中
胡瓜は二種類とも花盛んに付きて青々たり。
大長越瓜は花僅かに開けり。
大甜瓜および長扁蒲は蕾にて生育大いに可なり。
在来西瓜およびマウンテンスイート、アイスクリームは僅かに開花せるのみ。

明治三十九年　六月十七日　日曜

気象

雨天、ただし午前九時半頃より午後四時頃まで雨止みたり。

実習

本日は休日なるも田植えにて午前八時より実習を課せらる。

配当

午前
挿秧《そうおう》第一組。（第三学年三、四組、第二学年第三組、第一学年第一、二組）
挿秧第二組。（第三学年一、二組、第二学年第四組、第一学年第三、四組）
苗取り。第二学年第一、二組。ただし午前十時より第三学年第一、二組と交替。
挿秧（第六号田）および苗代跡手入　第三学年三、四組　第二学年三組　第一学年一、二組
挿秧第一組および二学年一組
苗抜取および挿秧（第五号田）　第三学年一、二組　第二学年四組　第一学年三、四組
挿秧第二組および二年二組

業事及び観察

本日は第三号肥料同価試験区、第四号田の種類試験区、第五号田播種期試験区外、第六号田に田植え完結せり。
尚その外第七号畑および第八号畑は本日より水田となし何れにも田植え済みたり。田植えの際は田の両側に縄を張りて置き、中縄はその線に尺を合わせて植ゆ。植える際はあたかも観兵式の如く、誠に軍隊の如く先生の笛の下に一退一進し、多くの生徒は一列に笛の鳴るを待ち、或いは植え或いは立ち等、誠に一戸人にて植ゆるに比ぶれば愉快なること何ともたとえん

方なし。
その他本日は種類試験同価試験等観察するも、その目的など立たざれば本日はことに業事観察をいたせり。

記事　本日用いし縄は竹なり。竹は針金等に比し張るものの手も痛まぬ。よほど宜しき方法なりと。この外つづらもかなり良きそうなり。

明治三十九年　六月十八日　月曜　午前八時より実習

気象　曇天

配当　一、燕麦刈取および挿秧　第一学年一、二、三組
一、挿秧（第一号田より始む）　第三学年三、四組
第二学年一、二組
第一学年四組

観察　一、肥料調製　第三学年一、二組
一、苗代跡整地　第二学年三、四組
右午前中、左は午後分を繰上げて午前十一時半に終わる。それより休み。

業事　一、農具および農場整理　第一学年全部
一、貸学農具、大立札点検および農具整理　第二学年全部
苗代田は苗を取り終わりてより馬耕し、それより馬耙し後肥料を撒布しはじめて植え始む。

観察　本日は第一号田、第二号田に苗の移植をなしたり。

西畑第二号田の燕麦収穫したり。

その外、第五号田期節試験区番外、本日移植したり。

特記　本校苗は水田に播種せしより移植日、即ち昨日まで四十八日間の日数を要し苗は七、八寸（21～24㎝）あり少し黄色を帯び、熟度そのよろしきを得たり。普通苗の移植は七寸（21㎝）くらい最も適せりという。本年度本校の苗と苗との間は東西一尺（30㎝）、南北八寸五分七厘（25.71㎝）なり。苗代のみ南北七分五厘（2．25㎝）の間なり。

気象
配当

明治三十九年　六月十九日　火曜　午前八時より実習
午前曇天、午後晴天。
午前
一、堆肥舎手入れ　第一学年一組第二組半部
一、燕麦扱落《かきおと》し　第一学年三、四組、第二組半部
一、煙草第一回移植　第二学年一組
一、玉葱栽培準備および見本園手入れ　第二学年二組
一、第九号畑、馬耕　第二学年三組
一、水稲框試験区整地および押秧　第二学年四組
午後
一、豚解剖実習　第三学年全部
一、燕麦及落し　第一学年一、二組、三組半部、第二学年一組

業事

一、堆肥舎手入れ　第一学年四組、三組半
一、葡萄整枝　第二学年第二組
一、胡蘿蔔下種　第二学年第三組
一、玉葱栽培準備および見本園手入　第二学年四組
一、畜産製造実習　第三学年全部

※胡蘿蔔…にんじん

観察

本日第一号西畑に栽培せし煙草の肥料を挙ぐれば左の如し。
過燐酸石灰五貫（18．75kg）、下肥五十貫（187．5kg）、油粕十五貫（56．25kg）
右なる煙草は株間一尺八寸（54cm）畦間二尺四寸（72cm）
この外西畑番外に洋種ロウゲデミロングドカンテネー、および札幌、東京、大長、右四種下種したり。
本校第一号田西側。水稲框試験区、種名下の如し。
目的、本校近傍土質に対する肥料の三要素の良否を検査するにあり。
肥料、用量反当　窒素二貫五百目（9．375kg）、燐酸二貫目（7．5kg）、加里二貫目（7．5kg）
供試品種　竹成
挿秧　六月十九日　本日なり
区別　第一区無肥料　第二区窒素単用
第三区燐酸単用　第四区加里
第五区無窒素　第六区無燐酸
第七区無加里　第八区完全肥料

記事　第九区アンモニア体窒素肥料　第十区硝酸体窒素肥料
第十一区本校普通肥料
本日殺豚、生体量十七貫（６３．７５kg）肉量八貫（３０kg）生体量に対する肉の歩止まり四割六分強

明治三十九年　六月二十日　水曜

気象　午前十時頃までは曇天なりしも、後雨はなはだしく三時半頃より誠に電光閃き雷轟き最初すごく夜も尚止まざりき。

配当　本日は午前十時より早苗振祝挙行せられたり。ために実習なし。

観察　第一号田
緑肥種類試験区、前作物水稲
１．普通二毛作区。２．紫雲英区。３．紫雲英間作区。
４．秋大豆間作区。５．夏大豆間作区。６．蚕豆区。
７．苜蓿区。８．赤瓜草区。９．白瓜草区
右八番目までは南北に数え畦十六にして、九番のみ二十畦あり。

記事　本年度苗代採蛾採卵
点火千九百匹。採蛾千四百九十匹。採卵二千四百一塊

明治三十九年　六月二十一日　木曜

※早苗振《さなぶり》…早苗饗。忙しい田植が終って一息つく古くからの農家の行事。

※蚕豆…そらまめ

※苜蓿…うまごやし（牧草）

※赤瓜草（赤詰草）…マメ科、クローバーの一種。原産は欧州、西アジアで、我国には明治時代に入り、現在は広く野性状態になっている。別名むらさきつめくさ、レッドクローバー。乳牛の飼料として最適。

※白瓜草（白詰草）…ホワイトクローバー

気象　午前雨天、午後止む。水非常に増す。
配当　本日は早苗振休業
校外観察　帰省中各村の田甫を見るに、上球磨の如きは挿秧済みしも下球磨に至りては所々に終わらざるところあるを見る。要するに現在済まざる所は十分の一くらいならん。正條植は大抵行いしも、今なお田舎に至りては行われざるところあり。実に惜しむべし。本郡有名なる大麻の如きは未だ風雨の害に罹らざるため、生育非常によろしく平均五、六尺（１５０〜１８０㎝）の高さに成長せり。

※大麻…麻の別称。クワ科の一年草で、茎から繊維をとる目的で栽培される。インド産のものは麻酔性物質マリファナを多く含む。

明治三十九年　六月二十二日　金曜

気象　曇天
観察　帰省中にてなし。本日も早苗振休業

明治三十九年　六月二十三日　土曜

気象　曇天
配当　実習休業
観察　第二号田　六月十八日　挿秧
苗代普通栽培　株数四十八株（一坪に対し）
第一緑肥試験　目的、紫雲英を秋期に採取し緑肥に使用する法と、普通二毛作とは何れが幾何の利益あるかを検知するにあり。
肥料　本校普通肥料、紫雲英、普通二毛作
第三号田　六月十七日　挿秧
窒素肥料同価試験　目的、本試験は三十六年度以降継続試験に属し、その目的する所は基本肥料として堆肥二百貫（750kg）、過燐酸石灰五貫（18．75kg）、木灰五貫（18．75kg）を施し、その上に地方に得やすき窒素肥料を価格二円に相当する分量を施し、その生育の状況、品質、収量を比較し最も利益多き窒素肥料を採択するにあり。
供試品種竹成、その種目は左の如し。
基本肥料窒素同価試験区。人糞尿区、大豆粕区、日本油粕区、醤油粕区、焼酎粕区、毛髪区、鶏糞区、右八区割にして、一区割九畦宛なり。

本日の業事　第五号田期節試験中、六月十日移植し本日第一回除草

明治三十九年　六月二十四日　日曜

気象

雨天

記事

堆肥の改良について（某老農談）
近来、人造肥料の発達に伴い、本県内に輸入するは莫大のものなるが、農産額増進の上には喜ぶべき現象たるに相違なしといえども、元来購入肥料なるものは自家製造の肥料を補足するの主旨にて奨励すべきものにて、これを以て需要の大部分を充填し薄利なる農収益を削減するが如きは、実に不得策はなはだしきものなり。ことに窒素肥料の如き県内需要の大部分は、

堆肥の改良に依り補給し得べき見込みあるも、一般農業者の常習として完全なる堆肥製造所を設け、これが改良の実効を挙ぐるもの少なきは遺憾に堪えざる所なり。かの山陽線路中、山口、岡山地方通過の際、田甫の間に転々見受くる堀立小屋は堆肥製造専用の建物にして、これは現に本県農会技手たる稲葉氏が先年かの地方に堆肥製造教師として聘用され、当局者の奨励と相俟って僅々一年足らずの任期間に普及せしめたる功労の跡を留むるものにて、吾々は毎度羨望の念を以てこれを傍観すると同時に、本県の現状に顧みてうたた忸怩《ちゅうでい》の感なくんばあらざるなり。由来本県の当業者は実行力に乏しき評あるも、昨年来正條植を励行したるとおり気を以てこれに当たらば、堆肥の改良それ何事かあらんや。吾々は当業者が挙県一致これに努力し肥料の輸入を減じ、益々その利益の増大を図らんことを切望して止まざるなりと。

気象
配当
観察

明治三十九年　六月二十五日　月曜

実習休業
第三号田中
燐酸肥料同価試験。堆肥二百貫（７５０㎏）、下肥五十貫（１８７・５㎏）、過燐酸石灰五貫（１８・７５㎏）、木灰五〆、これは基本肥料と使用せしものにして価格一円に相当し、その他目的の如きは窒素肥料同価試験に同

業事

じ。
供試品種　竹成　六月十七日移植
その試験区目を挙ぐれば左の如し。
蒸骨粉区、硫曹第一号肥料、米糠。
基本肥料（燐酸肥料同価試験）、多木過燐酸石灰区、東京人造過燐酸石灰、
粗骨粉とす。
本日は、期節試験、水稲を第五号田に移植したり。

※多木…明治十八年、多木久米次郎が我国初の人造肥料として骨粉の製造開始。
※東京人造…明治二十年に日本初の化学肥料製造会社として設立された東京人造肥料。現在の日本化学アグロコリア㈱。

明治三十九年　六月二十六日　火曜

気象

晴雨定まりなし。

配当

実習休業

観察

第四号田
種類試験、目的、本試験の目的は水稲各品種につき何れが地方の気候土質に適当なるかを知らんがため、収量の多寡および品質の優劣を比較し、以て良品種を査定するにあり。
肥料、用量、本校普通肥料。
供試品種十三種、六月十七日挿秧
その種類は左の如し。
神力、竹成、都、竹成撰、肥後坊主、大坂坊主、雄町、
穂増、白藤、白玉、五斗夜食、駿河坊主、伊勢稲とす。

西畑に栽培せる胡蘿蔔は本日発芽したり。

第四号田中東方
水稲分蘖力試験、目的、当地における外界の状態、および栽培の普通方法に於いて何れの品種が分蘖力強大なるかを調査し、種類選択上および栽培の疎密決定の考料に供するにあり。

肥料、普通肥料。

供試品種は種類試験に同じ。

株数は五本植えと一本植えとなり。

明治三十九年　六月二十七日　水曜

気象　晴雨定まりなし

配当　実習休業

観察
第六号田　六月十七日挿秧
除草器使用試験。目的、除草器および方法の異なるにおいてその収量品質に及ぼす影響を査定せんとするにあり。
肥料。本校普通肥料。品種、竹成
試験区名は左の如し。
太一車五回共、徒手五回共、二回鍋鍬三回徒手、備中鍋鍬
右の外普通栽培区
西畑第一号の煙草、本日日覆を取りて除草したるを見る。

※胡蘿蔔…にんじん

※太一車…鳥取県出身の老農、中井太一郎が明治十年代に発明した除草機器。

明治三十九年　六月二十八日　木曜

気象　晴天

配当　一、燕麦刈取および調整　第一学年一、二、三組
一、堆肥積立および紫雲英跡打返し　第四組
一、畜舎手入　第三学年第一組
一、麦収量調査　第三学年第二組
一、葡萄整枝　第三学年第三組
一、花壇手入　第三学年第四組
一、第二学年全部休業

観察　挿秧期節試験　第五号田中
目的、四月上旬に下種せし苗の移植を適期を知らんとし、併せて天災の場合のため何月頃までは挿秧するも相当の収穫あるやを認むるにあり。
肥料用量、堆肥二百貫目（750kg）、過燐酸石灰七貫（26．25kg）
下肥　五十貫（187．5kg）
供試品種　竹成
六月十日移植。これは非常に青くなり成長せり。
六月十五日移植。これはやや青色幾分成長せり。
六月十八日移植。これは十五日移植よりやや黄色なり。
この外に尚一区あるも札なし。

茎葉類の状態に於いて右品種の特徴を見出すべし

西畑第一号の中、茄子《なす》
本日はこの茄子に施肥す。その量は人糞尿三十八貫（142．5kg）、油

粕五貫（18．75kg）、その他除草を行いかつ土寄せをなし。その上に麦稈を敷きたり。この種類の内、千成茄子は幹は余り大ならざるも種実は大なり。故にこの茄子は早茄子と覚う。

佐土原茄子は花十ばかり開けり。ゆえに中生ならん。

東京山茄子は千成茄子にほとんど似て、種実も大なり。ゆえにこれは早生ならん。

米国種茄子は色少し白を帯ぶ。幹は肥え太り葉も至りて大なれども、未だ丈は小なり。これは晩生なるが如し。

巾着茄子は右よりも小なり。これも晩生ならん。

清国種茄子は花十くらい開きて幹はあまり大ならず、中生ならん。

右茄子は一体に成長すこぶる可なり。

観察

明治三十九年　六月二十九日　金曜

気象
晴天定まりなし

配当
第二学年全部、畜産実習
第一学年全部、設計書説明
第三学年全部、休業

観察
第七号田
模範的普通栽培。目的、本校農場において従来施行せし諸種の試験は、なお未決の問題を有するもの少なからずといえども、過去において得たるの時候を基礎として模範栽培をなすにあり。第一作たる本年度水稲においては主として収穫を多からしめんとする目的を以て施行す。品種、竹成

六月十七日挿秧

第八号田、第一学年生徒競作水稲

東第二番外、第一、二、三、四、担当、各二畝十歩宛

特記

これはつまり、雨非常に多かりしためならん。

馬鈴薯を見るに夏疫病に三分の二くらい罹れり。

7.01印　林田

観察

一般に普及する大いに可なり。なお今後細密に行うべし。

明治三十九年　六月三十日　土曜

気象

晴雨定まりなし

配当

実習休業

観察

西畑に栽培せる胡蘿蔔、大抵発芽し終わりたるを見る。

煙草は皆青々と成長の途につけり。

牛蒡は東番外なると比すればよほど小なり。

移植

本日は第五号田期節試験区に移植したり。而して期節試験区は本日を以て終結を告げたり。

※夏疫病…乾燥高温のときに発生、ジャガイモに多く発生。

気象

明治三十九年　七月一日　日曜

雨天

螟虫に就いて　手嶋氏講ず

五月上旬より発生し稲の茎に喰い入りてこれを赤変せしめ、遂にはこれを枯死せしむるに至る。

この幼虫は根に侵入して株際に隠れて越冬し、翌年五、六月頃蛹となり、のち羽化して白色の蛾となる。この蛾が苗代または水田に飛び来たりて夜間稲葉の表面に一塊の卵を産みつく。その卵の数は七、八十より百ばかりに及び大抵十日内外に孵化す。

螟虫には二化生と三化生との別あり。三化生螟虫は主に九州地方に発生しその害最も甚だし。

本校苗代をにて採蛾採卵せしは二化生螟虫なり。

気象

配当

明治三十九年　七月二日　月曜

晴天

一、東第二番外、除草および馬鈴薯培土　第一学年一、二組

一、前庭、牧草刈り取りおよび附近除草　第一学年三、四組

一、玉葱移植　第二学年一組

一、家畜手入　第二学年二組

一、梨の整枝　第二学年三、四組

中耕

一、水稲試験区、第一回中耕　第三学年級

A　一、緑肥試験区、水稲、除草器使用試験、第六号田、普通栽培の一部　第一組

B　一、窒素肥料同価試験区、燐酸肥料同価試験　第二組

C　一、水稲種類試験、分蘖力試験区　第三組

D　一、挿秧器試験区、株数試験区、麦畦立法経済試験、第六号田、普通栽培の一部　第一組

観察

本日は第九号畑、陸稲に施肥を行う。その分量は左の如し。反当人糞百貫（375kg）、木灰十貫（37．5kg）の筈なるを、畑の面積四畝歩（400㎡）なるを以て人糞尿四十貫目（150kg）のものをその半分二十貫（75kg）と木灰は皆十貫（37．5kg）とも施肥す。その方法ははじめ除草をなし、それより人糞尿をその根元に流し、その上に木灰を振り、なおその上に土を寄せ而して終わりとす。

また、本日は正門前の牧草を収穫したり。その名を挙ぐれば左の如し。ルーピン、アルファルファー、オーチャードグラス、メドーフエスキュー、レッドトップ、ケンタッキーブリューグラス、エーローオートグラス、レッドグローブ、ローングラッス、チモシーグラスなり。

そのうちチモシーグラスのみ昨日刈り取りたり。右の中ルーピンはその莢黒くなりもっとも熟度宜しきに適ひたりと見えたり。チモシーグラスは最も成育盛んなりし、これ即ちこの土地に最も適し居ればなり。

本日施肥し陸稲には心枯病非常に発生せしを見る。駆除方法はなきや。

特記

右の心枯病は殊に長雨にて発生せり。ゆえにこれより天気晴朗とならんには今少しは減ずならん。さてまた発芽以来なお日数少なく、したがって茎葉等も柔らかし。ゆえに蔓延甚だしきならん。されば本日施肥せし木灰の如きは、茎葉を丈夫ならしむるものなれば予防として最可ならん。またこの病に罹りたる陸稲を見るときは直に抜き取り、また掘り取りて焼き棄つるを最も可良なる方法とす。

※心枯病…線虫心枯病。葉及び穂を侵す。減収率20～30％。

明治三十九年　七月三日　火曜

気象

晴天

配当

一、校庭除草　第一学年第一、二組
一、校庭周囲果樹除草　第一学年三組
一、堆肥積替および蔬菜販売　第一学年四組
一、牛蒡畑除草および中耕　第二学年一組
一、葱頭移植　第二学年二組
一、家畜手入　第二学年第三組
一、見本園手入　第二学年第四組
一、葱病害駆除　第三学年第一組
一、果樹手入　第三学年第二組
一、西瓜手入　第三学年第三組
一、葡萄袋被　第三学年第四組

業事

観察

一、二年級は一組より二名宛受持水田中耕、吾もその任に当たる。

本日葱の病害駆除に使用せしボルドー液は硫酸銅百二十匁目（450g）に生石灰百二十匁目（450g）に水二斗（36ℓ）を用う。ゆえに二斗式なり。

普通ボルドー液は右の分量なり。

第十号畑、見本園中

葱は九条葱も千住葱も根深太葱も成長の程度は何ら変わる所もなく、而して成長は実に宜しく美観たり。然れどもベト病甚だ勢良く蔓延しつつあれば、これを駆除せざれば惨たんたる光景を呈すべし。

玉萵苣は畜舎留地に栽培せると比較すれば、成長よほど悪く球を結ぶもあれど、間には花芽出でたるもあり。

コンサラードは青々として、成長誠によろし。

青、赤紫蘇は良く根づきこれも成長可なり。

牧草類は成長の極点に達せしと見え、この中レッドトップとメドーフエスキューは成長可なり。

落花生は花多く開けり。

菠薐草、甜菜は虫に食われ、葉は縮み退化せしが如し。

和蘭苺は全然下葉より枯れ今は1／3くらい枯れたるを見る。

亜米利加防風は盛んに成長せり。

※ボルドー液…石灰ボルドー液あるいは硫酸銅石灰ともいう。硫酸銅、生石灰、水を調合して作る。菌類による病害の予防、球根類の消毒や地衣類の駆除などに著効あり。

※ベト病…きゅうりべと病（露菌病）。藻菌類によるによるきゅうりの代表的な病害。葉だけに発病し、病斑を生じた葉は黄化して枯死にいたる。

※甜菜…てんさい

※亜米利加防風…洋芹（パースニップ）。欧州の中部及び南部の原産。

明治三十九年　七月四日　水曜日

気象　午前少し雨降る。後曇天。

配当　一、第一号田、中耕　第一学年第一組
一、桑実蒔、苗床整地　第一学年第二、三組
一、校庭除草　第二学年第一組、第一学年四組
一、果樹園手入　第二学年第四組
一、見本園手入　第三学年第一、二組
一、葡萄袋被　第三学年第三組
一、果樹整枝　第三学年第四組

観察　第十一号畑

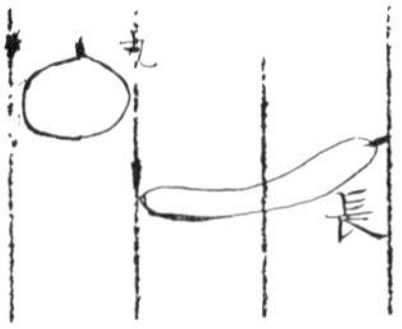

胡瓜は何れも不可なり。

長、丸扁蒲は葉、茎、花、実、色殆ど瓢箪と変わるところなく、その形に至り長扁蒲のみやや変われり。丸扁蒲は丸瓢箪と何ら変わるところなし。長扁蒲の大なるは一尺四寸（４２㎝）くらいに達し、周り一尺（３０㎝）以上に及べるあり。

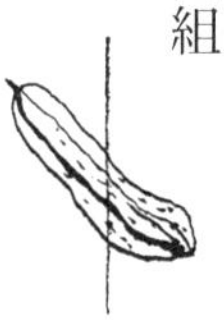

この扁蒲よりは食用乾瓢を造るを以て名あり。成長頗る盛んなり。

西瓜は何れも宜しく豆粒大となりたるものに札立てあるも、およそ三十あり。

西京南瓜、その形瓢箪形なると普通の南瓜の形なるとあり。而しこれは何れも同種なりとす。

※扁蒲…ゆうがお（かんぴょう）

※西瓜…すいか

業事　ハッパード、その形 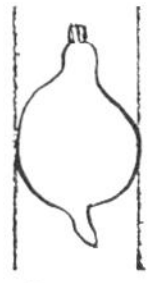 上図の如くして外面なめらかなり。縮緬、菊坐、南瓜はその形殆ど変わる所なし。縮緬南瓜は未だ縮なし。

本日は見本園に葱頭および蕃椒を移植す。葱頭は五寸（１５㎝）の株間なり。蕃椒は一尺五寸（４５㎝）の株間なり。

※ハッパード…カボチャの一種。

※葱頭…たまねぎ

※蕃椒…とうがらし

明治三十九年　七月五日　曇天　木曜日

気象　曇天

配当
一、果樹園除草　第一学年一、二組
一、農道除草および特草施肥　第一学年第三、四組
一、桑実蒔　第二学年一、二組
一、大豆粕削および油粕破砕　第二学年三組
一、春蒔葱本圃整理　第二学年四組
一、葱頭移植　第三学年一組
一、胡瓜、越甜瓜施肥　第三学年第二組
一、畜舎手入　第三学年第三組
一、見本園手入　第三学年第四組

業事　本日桑の実蒔を行いたり。その方法は左の如し。はじめ手鋤にて溝を掘り、その中に堆肥を振り、その上に土を覆い平面となし、而して後下種しまた土を薄く覆いたり。

観察記事

第十号見本園に下仁田葱、岩槻葱、根深太葱、千住葱、韮葱、赤玉葱を移植したり。移植の際は、はじめ二尺（６０㎝）ばかりの深さに溝を掘り、それに堆肥を埋め、その上に過燐酸石灰、大豆粕を振りて、それに土を覆いて後植えたり。而してまた人糞尿を上より施したり。右のうち赤玉葱のみ土地を少し掘りてその上に右なる葱の肥料を施し、殆ど平面と同様の如し。

この外、西畑番外地に葱頭を移植したり。株間は九寸（１８㎝）くらいなり。

右第十号畑なるコンサラードは本日収穫したり。

右なるコンサラードは未だ熟せざるに収穫せしにより苦味帯べりと。

また二十日大根、菠薐草は収穫の見込なきによりて除去せり。

西畑なるひともじは六月十九日種用として収穫せしなりと荒木君より聞きてここに記す。（その日は煙草、胡蘿蔔の移植および下種せしは観察したるものの、これを見落としは不注意の故、これより注意す。読者諸君幸に諒せよ）

本校の節成胡瓜二十五箇、大青胡瓜一個、これは三日に収穫す。

節成胡瓜十三個、これは一日に収穫す。菊坐南瓜十六個、縮緬二十個、西京七個、計四十三個、一昨日収穫す。

七月四日人吉にて販売せし第一回収穫南瓜価格左の如し。

（三日収穫の分）

最高価格は八銭、最低価格二銭（平均三銭八厘強　一個に付）

※荒木君…同窓名簿中に発見できず。

明治三十九年　七月六日　金曜

気象　曇り晴れ定まりなく、雨も少しは降りたり。

配当　果樹園および農道整理除草　一年級全部および二学年第三組
畜舎手入　第二学年第一組
見本園手入　第二学年第二組
牛蒡除草　第二学年第四組
框試験区除草および大豆粕削　第三学年第一組
麦分蘗力試験、第一回施肥　第三学年第二組
葱定植　第三学年第三組

観察　化学所框試験区は三年級一組担当となる。
無肥料区はやや黄色を帯ぶ。成長は普通なり。
窒素単用区、緑色濃厚にして成長大いに可良なり。
無窒素区は窒素区に比較すれば大いに不可なり。如何に窒素の必要なるか、
実に大したものなり。
燐酸区は普通なり。
加里区は不可なり。
無加里区に完全肥料区は葉色最も濃厚にして成長また最も可良なり。
無燐酸区、アンモニア区、硝酸区は普通なり。
本校普通肥料区は少し黄色を帯ぶ。成長大いに良し。

収穫　第十号畑に作り有りし牧草は皆収穫。その跡は根ごと打ち耕したり。

移植　本日は第十四号畑に韮葱を定植したり。定植の際は畦間三尺（９０㎝）に

して株間三寸（９㎝）ないし五寸（１５㎝）くらいにして、その深さは一尺五寸（４５㎝）くらいにして、それに堆肥を振りてその上に移植したり。

明治三十九年　七月七日　土曜

気象　晴天、午後少し曇る

配当　蔬菜販売　第一学年第一組半部
瓜哇薯一部収穫
温床および校庭果樹垣作、除草　第一学年第二組
秋蒔葱培土　第一学年第三組
土管埋込　第一学年第四組半部
麦分蘖力試験区第一回施肥　第三学年第三組および第一学年第四組半部
胡瓜、越甜瓜手入　第二学年第一組
畜舎当直　第二学年第二組
見本園手入　第二学年第三組
大豆粕破砕　第二学年第四組
春蒔葱本圃定植　第三学年第一、二組
葡萄袋被《おお》い　第三学年第三、四組

業事　本日は東二番外、馬鈴薯十一貫（４１．２５㎏）収穫す。収穫の際は、はじめに甘藷収穫の際と同じく一方より耕して掘り取りたり。然るに夏疫病に半分位罹り居りしを以て、実もしたがって少なかりき。而して焼き捨つ

※瓜哇薯…じゃがいも

るべく同畑に干し置きたり。それは茎と普通根と称するものにして、病害に侵されたる物のみ。

本日はまた葱の培土を行う。行うに当たり二十五貫（９３．７５kg）の人糞尿を施してのち培土をなしたり。

観察

第十号畑に瓜哇薯。魯桑実生を下種したり。

第十四号畑には葱の移植を行う。肥料は韮葱なるに等し。

その種は下仁田、根深太、千住葱、岩槻葱の四種なり。

第四東番外に小麦、裸麦、燕麦を下種したり。これは分蘖力の試験をなすためなり。肥料は本校普通肥料なり。

第二号田、緑肥種類試験。

普通二毛作区は最も成育盛んにしてまた最も草丈大にして色最も濃厚なり。

紫雲英区は成育の状況殆ど同一なれども僅かに右より落つ。

紫雲英間作区と秋大豆粕間作区と夏大豆間作区は殆ど同一にして紫雲英区よりもやや落ちたりと思う。

蚕豆区、苜蓿区、赤瓜区、白瓜区は夏大豆間作区よりもやや落ちたるを見る。番外は最も不可なり。

右全田を観察するに冷水の入る方は水田下よりも自然に小なり。

記事

本日収穫の分、左の如し。

南瓜の類、菊坐十八個、縮緬十九個、西京四個。

茄子の類、温床山茄子四個、千成十三個、東京山茄子六個。

胡瓜の類、大長胡瓜二個。

※魯桑…中国中南部原産の桑の種類。

気象観察

特記

明治三十九年　七月八日　日曜

曇天なりしも夕立降る

本校現在鶏の数等、種々左に記すべし。

七面鳥牡一羽にして牝一羽。牝は今（数文字欠落）

レグホン牡牝各一羽

アンダルシャン牡牝各一羽

ブリモースルック同牡牝各一羽

英国四羽にして牡一羽

右鶏鳥は七面鳥共に十二羽なり。

本校豚の数を左に示さん。

親豚四匹、仔豚四匹。

右のうちヨークシャー、種用一匹、バークシャ牡一匹牝二匹。二匹とも妊娠中なれども一匹は分娩期本日なり。しかし夕方まで分娩せざりき。

本校の子牛は本年四月二十四日生にして、予定分娩よりも十五、六日早く生まれたるにより、その子牛は身体弱く足立たず、ほとんど生きる見込みなかりしも二、三日後「カンプロセイ」なる薬を全身に塗りしを以て、それより体温を著しく増し、元気日頃に百倍し遂に愛らしき今の姿になれるなり。

本校過燐酸石灰を見るに、空気に面せし方は其本色を失い、やや白色となるを見る。この理について。

そもそもこれは如何なる理なるやというに、これはその過燐なるものが空

※カンプロセイ…カンフル剤か？

気中にある炭酸ガス或いは酸素、或いは水蒸気等ありとあらゆる物に還元せられて遂にその過燐酸中にある第一燐酸を遊離せしむるによる。ゆえに後に残れるものは第二、第三燐酸等なり。もしこれを肥料にするときは水に溶解する事遅く、十分中その六くらいが溶解し、あとの四は溶解する事なし。ゆえにそれだけ効を減ずる割なり。ゆえに保護貯蔵を丁寧にして空気等に触れしめざる様、大いに注意をはらうべし。

これより雑者問答

蘿蔔種子は一升（1．8ℓ）の価格何円するや
答　一升（1．8ℓ）に付八十銭位
問　一升（1．8ℓ）の麻量及麻の価格
答　一升（1．8ℓ）の価、三十銭ないし四十銭位とす
豚は幾日にして分娩するや
答　百十二日
七面鳥は幾日なるや『分娩期日』孵化期日
答　二十六日ないし二十八日
右なる七面鳥は時としては三十日くらいかかる事もあり。
鶏は幾日くらいを費やすか、孵化期日
答　四十一度半くらいの所にて二十一日を要す。
牛は幾日なるや、分娩期日。
答　四十週
馬は幾日なるや、同。

答　十三ヶ月
兎は幾日を要するか
答　一ヶ月ばかりを要す。然るに年十回くらいは分娩するも、一年には八回くらいを可となすと。

第一学期農場日誌　自四月十六日　至七月八日　計八十三日
いよいよ本日を以て大尾とす。実に無情の盛楽あり。
学期試験　自七月九日　至七月十八日　受験期日一週間なり。右なる中、気象左の如し。（業事の如きは第二学期農場日誌に記す。）
七月九日　晴天　月曜
同　十日　雨天　火曜
同十一日　晴天　水曜
同十二日　曇天　木曜　作文他
同十三日　雨天　金曜　動、数
同十四日　晴天　土曜　作、農
同十五日　晴天　日曜
同十六日　曇天　月曜　社、英
同十七日　雨天　火曜　畜、読
同十八日　晴天　水曜　物理

※大尾…最後、終句。

農場日誌　明治三十九年度　第二学期　自七月十九日

明治三十九年　七月十九日　木曜

気象
晴天にして暑気はなはだし

配当
施肥　葱（秋蒔）
除草、紫蕓英跡附近。果樹園附属地およびその附近
農道および校庭。水田畦畔農道。
収穫、胡瓜（即日販売）
その他、堆肥積替。大豆粕破砕。畜舎手入。西畑馬耕。

観察
第十五号畑
実生桑。品種、魯桑、下種七月五日、発芽同十一日。

一般美しく生え、生育すこぶる盛んなり。

見本園なる実生桑同じく魯桑は、七月七日に下種し同十四日に発芽したり。

右なると比較するに見本園なる桑は一日遅れて発芽す。ゆえに八日目に発芽せり。

同十五号畑なる時無大根、夏大根は試験中に収穫してその跡は馬耕したり。

同畑の東なる東第四番外の分蘖力試験の麦は、全般皆二、三本の発芽あるのみ、ゆえにこのぶんでは試験の望みなしと思わる。

記事
第一学期試験中（自七月九日　至七月十八日）主なる業事。
受持水田除草、七月十四日（中耕）
西畑第一号烟草の培土、同十六日。

※烟草…タバコ

特記

本校水田の除草、七月十五日。

第十号畑なる実生桑の、第十五号畑なる実生桑より一日遅れて発芽せるは如何なる理なるか。

これはつまり種子の上に覆ひし土の厚かりし為なり。かくの如きは成長上にも非常なる関係を及ぼすものなれば、大いにこの点に注意すべきことなりと思う。

明治三十九年　七月二十日　金曜

気象

晴天

配当

除草、受持水田及び前庭および校庭西部、校庭東部、農舎附近除草、第一・二・六・七号田、担当水田。

その他、油粕破砕。

観察

第九号畑
陸稲。凱旋は草丈高く色濃厚にして成育頗る盛んなり。
白藤はやや可なり。
霧島は不良なり。
尾張糯は凱旋に次ぎて可なり。
粟種類試験。七月十二日下種、発芽七月十五日。
畦幅一尺五寸（４５㎝）。
肥料、原肥油粕七〆、過燐酸石灰六〆、下肥五十貫（１８７．５㎏）。

追肥下肥百貫（３７５kg）、木灰十貫（３７．５kg）。

品種（九種）および発芽の状況左の如し。

八月	不良
白玉	不良
半六俵	不
八畝十俵	不
吉利	最良
島原	頗可
福岡	可
晩栗	良
駒繋続場	良

第十四号畑

粟普通栽培、品種在来、赤、下種七月十四日、発芽。

畦幅一尺二寸（３６cm）、条播。

肥料（反当）原肥、大豆粕五〆、過燐酸石灰七貫（２６．２５kg）、下肥

　五十貫（１８７．５kg）

　追肥　下肥百〆（二回分施）木灰十貫（３７．５kg）

現草丈五分（１．５cm）くらいとなる。成育一般に可良なり。

明治三十九年　七月二十一日　土曜

気象　晴天

配当　施肥。茄子（見本園、西畑）。

培土。第九号畑、陸穂。

除草。農道、校庭。

収穫。瓜類、他同手入、販売。

その他。見本園手入れ、畜舎手入れ。

観察　框試験区

特記

第一無肥料区、最不良なり。第二区窒素単用、これも不可なり。第三区燐酸単用、不なり。第四区加里、不可なり。第五区無窒素、可良なり。第六区無燐酸、可なり。第七区無加里、最佳良なり。第八区完全肥料、成長は第七区に落つるところあるも分蘖は最も多し。第九区アンモニア体窒素肥料、可良なり。第十区最不良なり。第十一区本校普通肥料、可なり。

第一号田

普通二毛作区は最も成育盛んにして次は紫雲英区なり。紫雲英間作区、秋大豆区は不可なり。また水の入り口のところは非常に小なり。その他は可なり。間には深植したるあり。適当に植えたると比較すれば三分の一くらい短し。中には二分の一くらいなるものあり。ゆえにかく成長においてすら異なるものなれば、収穫においては非常なる差異ある事明白なり。されば大いに注意を加えざるべからず。

第二号田においては何ら変わる現象もなし。

水田において水の入り始めのところと、水田の水後《しり》のところにおいて成長は殆ど二倍の差あり。如何なる理なるか。

水の入り口においては冷水なるを以て常に水田温まる事を得ず。ゆえに肥料を分解し吸収する力なし。したがって小なる理なり。

水の下なる方は、右なるに反して水の暖かく良く根を伸張せしめ空気の流通を良くし、肥料を分解し良く吸収す。また肥料の上なる方より幾分流れ来るを以てしたがって成長も可なり。

明治三十九年　七月二十二日　月曜

気象　晴天、夕方となりやや天気曇りたり。

明治三十九年　七月二十三日　月曜

気象　本日は天気少しも定まらず、照るかと思えば曇り、曇るかと思えば雨降り、また照るという有様なり。

配当　除草　東第二、三番外および農道。果樹園。果樹蚜虫駆除および除草。
培土　第十号畑、葱。
収穫　瓜、茄子（即日販売）。
その他　畜舎農舎手入れ。

観察　第三号田
窒素肥料同価試験区にては人糞尿区、焼酎粕区最も成育盛んにしてまた最も草丈大なり。色もまた濃厚なり。これに反して大豆粕区、醤油粕区は成育最も不良にして草丈も小なり。この他は可なり。成長よろしき方なり。
同田中
燐酸肥料同価試験区にては蒸骨粉、粗骨粉最も成育盛んなり。その粗骨粉区は少し黄色を帯び、草丈高し。
基本肥料区は不良なり。次は米糠区なり。その他の区は可なり。

間引　第九号畑なる粟は本日第一回間引きをなしたり。

特記　本校見本園なる米国直輸入麝香甜瓜ニューポート枯死せるを見る。理および駆除如何。

これは害虫附きて枯死するものなり。如何なる虫なるか。これは切蛆なり。はじめその瓜の根元に切蛆の幼虫付着し、それより成長して遂に瓜の根元を食い回り枯死するに至らしむ。この虫なるものは堆肥の新なるものに主に発生するものなれば、この堆肥の新なるものを用いざる事、駆除方法の最も大切なるものなり。

※切蛆《きりうじ》…キリウジ・ガガンボ。蚊の大型のような形状。ムギなどの禾穀類の害虫。

明治三十九年　七月二十四日　火曜

気象　晴天

配当　除草　西畑、見本園、八号田。
その他　畜舎、堆肥舎手入れおよび陸稲心枯抜き。稲作生育調査、麦品評会審査。

観察　西畑第一号茄子。

米国政府茄子、晩種にして青色に黄を帯びたる色なり。歯は裂け目甚だしく花は薄紫色、花冠は花梗より、少なくとも三つないし四つ出でたり。多きは五つあり。実は紫色を呈すれども花梗、蕚《がく》は青色なり。良く溝柿に似たり。

佐土原茄子は紫色の最も濃厚なり。また最も幹丈夫なり。葉もまた大なり。実は普通長茄子と称するものと等しく、円くして滑らかなり。而して細長し。成長頗る盛んなり。

※溝柿…球磨地方独特の小ぶりの柿。溝が深く入っている。盆以前に熟す早生種である。

清国大円茄子は紫色の薄なるものにして巾着に似たり。実は巾着よりも少しく溝少なく臍《へそ》円し。
巾着茄子はその幹、佐土原に似て丈最も高く、実は平たく溝深くかつ多く、したがって臍《へそ》も長し。成育頗る盛んなり。
千成茄子、東京山茄子は殆ど変わるところなく躰幹は小にして横に張り、種実はその外皮滑らかにして花梗は細長し。至りて早生種なり。

間引
本日第十四号畑、普通粟第一回間引きを行う。
夏季休業中　自七月二十七日　至八月三十一日
自　八月二十七日

気象
晴天

配当
下種。西畑第一号、蕪菁普通栽培区および見本園、果樹園間作蔬菜。

明治三十九年　八月二十八日

気象
晴天

採取
葡萄

除草
牛蒡畑、葱畑

明治三十九年　八月二十九日

気象
晴天　夕立来たる

配当　除草。杉苗圃。校庭果樹付近

明治三十九年　八月三十日

気象　晴天
配当　下種、第十三号第十号畑大根
　　　雑事。農場肥料製造

至　八月三十日

気象　晴天

八房蕃椒は生育大いによろしく、高さは一尺二寸（３６㎝）を普通として一尺五、六寸（４５～４８㎝）に及ぶ。実は枝葉毎に出づる事なく枝の先に一所に出でて一元より大抵十五莢宛出づ。右両蕃椒は観賞用となすもよほど佳なり。

明治三十九年　九月四日　火曜

気象　晴天
配当
移植　枳殻
手入れ　第十二号畑、畜舎、校庭番外、農具室

※枳殻…からたち

雑　事
観　察

農場肥料製造、東第二番外、除草、堆肥積み替え、駆虫、運動場草刈
蕃茄は高四尺となり、実は未だ熟せず青色にして香は高くあまり宜しからず。今、病罹れるあり。温床なるは青枯病に罹り見本園なるは実腐敗せるあり。
見本園の中、青紫蘇は生長頗る盛んにして高さ三尺二寸（96㎝）、早成種にして花まさに落ち落ちらんとす。香気すこぶる盛んに良し。
赤紫蘇はやや右より低く晩種にして花ようやく附き始めたり。香気前なるよりやや低し。

※蕃茄…トマト
※青枯病…トマトの最も恐るべき病害。初夏着花後間もなく、茎、根より発病。トマトは急速に萎凋し枯死褐変する。

明治三十九年　九月五日　水曜

気　象
配　当
移　植
手入れ
雑　事
観　察

晴天
枳殻
特草跡地、畜舎
農場肥料製造、運動場草刈、果樹園除草、東第三番外、駆虫
見本園葱跡地、大根の発芽状況を示せば左の如し。
宮重大根は可なり。発芽終わりてより二日目なり。守口大根五分にしてこれも可なり。時無大根七分にして可なり。細根大根は同上、亀井戸大根は不可なり。徳利大根、青頸大根、九日大根、練馬大根大長丸尻、練馬中長尻、練馬大長尻、宮重大根は何れも一寸二分（3．6㎝）くらいとなり成長頗

気象
配当
施肥
手入れ
雑事
観察

る可なり。方領大根は一寸（３㎝）、聖護院、莢菔は一昨日より発芽し始めたり。本日は皆生い揃えり。早生、桜島は一寸二分（３．６㎝）、中生桜島、晩生桜島、同上にて不可なり。
右莢菔の株間は一尺二寸（３６㎝）なり。

明治三十九年　九月六日　木曜

午前晴れ、午後曇り、夕方より雨、夜烈しく少々風さえ吹きたり。

葱の施肥および果樹園間作
畜舎井戸、畜舎見本園、枳殻
農場肥料製造、果樹園除草
畑第十一号
天王寺蕪菁成長すこぶる可良なり。五寸（１５㎝）ばかりとなる。瑞典蕪菁は地に平均して広がり上に伸びることなく二寸（６㎝）ありて成長は可なり。近江蕪は天王寺蕪に同じ。伊予緋蕪は三寸五分（１０．５㎝）にして茎根共に紅紫色を呈す。これも可なり。長蕪は四寸（１２㎝）にしてこれも可なり。小蕪は二寸（６㎝）にして不可なり。
畑台十二号
白菜は三寸（９㎝）にして見る陰もなし。実に不可なり。縮緬白菜は一尺二寸（３６㎝）にして不良なり。葉やや縮めり。体菜は四寸（１２㎝）にして葉黒味を帯び茎長くやや白し。不可なり。三河島菜は四寸（１２㎝）、葉太し。千筋水菜は葉アザミに似てこれも不可なり。小松菜もやや縮む。壬生菜五寸（１５㎝）くらいにしやや不可なり。茎白し。黒みを帯ぶ。

明治三十九年　九月七日　金曜

気象　午前晴天、午後曇り

配当　本日蔬菜担当地引き渡しありたり。私は第十三号畑、西より二番に当たる。

下種　畜舎附属地へ菘

雑事　畜舎井戸浚、水田農道除草、畜舎当直、稗および心枯抜き、農場図騰写、農談準備

観察　第十三号畑は一学年競作となる。今は八分に成長せり。一般に成長可なるも西方は東方に比し、よほど小なり。これ地悪しきゆえならん。

畑第十四号

粟は生育可なるも西より東に向かって小なり。東方三畦は品種異なれり。ササラ病に罹れる在るを見る。葱心、春蒔、岩槻葱、葉小にして分蘖極めて多し。千住葱は成長もっともよろし。根深太葱は成長可良にして分蘖力も亦可なり。

下仁田葱は葉太く而して分蘖力大なり。韮葱は不良にし成長遅し。

同畑なる落葉松はこの頃勢すこぶる盛んとなり一尺五寸（４５㎝）となる。

※菘《すずな》…カブ

※ササラ病…別名しらが病。イネ科植物がササラ菌におかされて発症。近年発症の例なし。

明治三十九年　九月八日　土曜

気象　曇天

配当　なし

観察　第九号畑、粟種類試験区

品種	穂の長	穂及び芒長色	稈の長短	茎葉色	実付
駒繋場	七寸	淡緑にして芒長	三尺二寸	黒みを帯ぶ	繁る
晩粟穂	八寸五分	淡黄にして短し	四尺一寸	淡緑	荒し
福岡島原	六寸六分	淡紅にして長	三尺	黒色を帯ぶ	繁る
吉利	晩種にして穂出終わらず	淡緑にして短	三尺一寸	淡緑	未だ判明せず
八畝十俵	五寸九分	淡褐にして無	三尺二寸	緑色	やや繁る
半六俵	六寸	淡褐にして無	三尺一寸五分	緑色	やや密
白玉	六寸五分	淡緑にして芒無	二尺九寸	緑色	やや密
八月	七寸三分		四尺二寸五分	黒を帯ぶ	やや密

右なる粟は全般に生育宜し。粟の「サヽラ病」に罹れるを見る。

明治三十九年　九月九日　日曜

気象　雨天

配当　なし

観察　第九号田畑、陸稲種類試験区
ａ凱旋は生育最もよろしく、葉片最も長し。生育熟期は中の晩種に属し、芒は無く分蘖力また最も強し。草丈は四尺二寸（１２６㎝）なり。

記事

ｂ白藤は生育右に同じく、晩種にして三分くらい出て、芒長く分蘖力もまた強し。草丈は四尺（１２０㎝）なり。

ｃ霧島は生育右に同じく、草丈は四尺四寸五分（１３３．５㎝）にして最も早種にして、早や乳熟期も過ぎなんとす。芒は淡紅色を呈す。伊勢稲（水稲）良く似たり。分蘖力はやや弱し。

ｄ尾張糯は生育右に劣ることなく、中種にして芒無く、草丈四尺（１２０㎝）にして分蘖力はやや弱し。

第一学年大根競作地の設計大要

一、位置第十三号田。一、前作物燕麦。一、地積各区八坪（２６．４㎡）。

一、整地。前作物収穫後荒耕をなし、八月中旬に至り深さおよそ一尺（３０㎝）の耕起を肥後鍬をもってなし、下種の当日に至り地面を均平ならしめ畦作りをなし下種の準備とす。

一、共用品種練馬大根大長尻。一、下種期八月三十日

一、畦巾四尺（１２０㎝）。　一、株間一尺二寸（３６㎝）

一、肥料用量　堆肥三〇〇貫（１１２５㎏）、大豆粕十貫（３７．５㎏）、
過燐酸石灰五貫（１８．７５㎏）、下肥五〇貫（１８７．５㎏）、
下肥一〇〇貫（３７５㎏）（追肥）二回分施

一、下種後の手入れ　九月中旬（間引きおよび除草）
同月下旬（間引きおよび除草および施肥中耕）
十月上旬（九月下旬と同方法）

十月下旬（中耕培土）
無定時（駆虫）
追播き（無定時補播）

気象
配当
観察

明治三十九年　九月十日　月曜日
午前晴天、午後少々曇る
手入れ。枳殻移植跡。畜舎およびその附近。
その他。農場肥料製造、果樹園および農道除草、三学年全部獣医実習。

※枳殻《キコク》…からたち

框試験区
第一、無肥料区は生育不良にして草丈二尺四寸（７２㎝）、分蘖数十本。未だ花あり。色濃厚なり。即ち濃緑色を呈す。

第二、窒素単用区は生育右に同じく分蘖数十一本にして未だ花あり。

第三、燐酸単用区は生育宜しく草丈二尺六寸（７８㎝）にして分蘖数は十三本、今は花わずかに残れり。

第四、加里単用区は生育余り良好ならず。草丈二尺四寸（７２㎝）にして分蘖数十一本あり。色やや濃緑色を呈し花落ちず。

第五、無窒素区は生育可にして草丈二尺六寸（７８㎝）、分蘖数十四本、花わずかに残れり。

第六、無燐酸区生育不良にして草丈二尺四寸（７２㎝）、分蘖数十二本、未だ花落ちず色濃緑色を呈す。

第七、無加里区は生育大いに可良にして分蘖力もまたはなはだしく二十二本に及び、草丈は二尺九寸五分（88．5㎝）、乳熟期早や半ばなり。

第八、完全肥料区は生育また佳良にして草丈二尺八寸（84㎝）、分蘖数十八本にして乳熟期の始めなり。

第九、アンモニア体窒素肥料区は草丈二尺六寸五分（79．5㎝）、分蘖数十五本なり。花わずかに残れり。

第十、硝酸体窒素肥料区は生育最も不良にして草丈一尺八寸（54㎝）、分蘖数七本、色濃緑色なり。

第十一、本校普通肥料区はは生育最もよろしく草丈二尺八寸五分（85．5㎝）、分蘖数十六本、乳熟期に至るあり。

気　象
配　当
手入れ
除　草
観　察

明治三十九年　九月十一日火曜
朝霧深し、晴朗
雑事。農場、肥料製造、馬耕
枳殻植付跡。堆肥舎附近、果樹園附属地。
温床、西畑番外。
第三号田、窒素肥料同価試験
鶏糞区は生育はじめは可なりしも、今は不良なり。これは直接効能肥料なればなり。草丈は二尺七寸五分（82．5㎝）にして分蘖数は十六本とす。穂並斉一ならず。

毛髪区は生育ややよろしく、草丈三尺一寸（９３㎝）、分蘖数は二十本とす。穂並も可なり。

焼酎粕区は生育佳良にして、草丈三尺二寸（９６㎝）、分蘖数二十二本、穂並良く揃えり。

焼酎粕区は生育最も良好にして、かつ斉一。草丈三尺五分（９１．５㎝）、分蘖力も可なり。二十一本あり。

日本油粕、大豆粕、人糞尿の三区何ら殆ど変わる事なく、生育はよろしく草丈三尺一寸五分（９４．５㎝）、分蘖はあまり甚だしからず十八本くらいなり。斉一の点はやや欠けり。

基本肥料区は生育ややよろしく、草丈三尺（９０㎝）、斉一もまた可なり。

※毛髪区…羊の毛は肥料で使われることもある。

気象
実習
観察

明治三十九年　九月十二日　水曜

朝霧晴天、午後雨天

休業

第三号田、燐酸肥料同価試験

一般に観察せば生育可ならんも、窒素同価試験区に比較せば非常に落ちたり。草丈もよほど短く分蘖力も少なし。

蒸骨粉区、生育可なり。分蘖数も多し。穂揃はよろしからず。

硫曹区は生育可なるも右に一歩を譲る。草丈やや短し。

米糠区は生育佳良にして、分蘖力もよろしく草丈も高し。

基本区は草丈最も低けれど、はなはだ斉一なれば可なりによろし。
東京人造過燐酸石灰区、草丈右よりやや高く斉一もやや可なり。
粗骨粉区は草丈は右に同じく生育は可なり。実付きもやや可なり。やや不斉一なり。

明治三十九年　九月十三日　木曜

気象　晴天
配当　馬耕、西畑及南番外、除草、農場肥料製造
手入　東第二番外および第三番外、畜舎、見本園。
業事　本日蔬菜担当地の第一回間引きをなす。ただし三本ないし四本おきとす。
観察　第四号田、種類試験区

品種	草丈	一本植分蘗数	五本植分蘗数	早、中、晩	成熟期	芒の有無
神力	三尺	十一本	十八本	晩稲	乳熟の始	無芒
竹成	三尺	九本	十三本	晩生	乳熟の始	無芒
都	三尺五寸	六本	八本	中稲の早生	乳熟	無芒
竹成撰	三尺	十本	十二本	晩生	乳熟の始	無芒
肥後坊主	三尺	七本	九本	中種の早	乳熟	無芒
大坂坊主	三尺五寸	七本	十一本	中生	乳熟	無芒
雄町	三尺	六本	十本	中生	乳熟	無芒
穂増	三尺	八本	十四本	晩生	乳熟の始	無芒
白藤	三尺	七本	十本	中生	乳熟	無芒

気象
配当
手入
業事
観察

白玉	三尺	七本	十本	中稲の早種	乳熟	無芒
五斗夜食	三尺	八本	十一本	中生	乳熟	無芒
駿河坊主	三尺五寸	五本	八本	晩生	乳熟の始	無芒
伊勢稲	三尺一寸	六本	九本	極早生	黄熟	有芒赤色

明治三十九年　九月十四日　金曜

晴天

畜舎附近属地、除草および農場肥料製造、果樹園附近除草、東第二番外、除草。

担当地、心枯稗抜き取り。

第十号畑、大根の第一回の間引き、および中耕、また京肥施肥す。

第五号田、期節試験

期節	生育	草丈	分蘖数	熟度	穂揃
六月十日	最佳良	四尺四寸	二十四本	乳熟中の終	やや斉一
六月十五日	最佳良	四尺二寸、五	二十三本	乳熟	斉一
六月十八日	佳良	四尺二寸	二十三本	乳熟	斉一
六月二十日	佳良	三尺一寸	二十一本	乳熟	不斉一
六月二十五日	良良	三尺	二十本	乳熟	不斉一
六月三十日	やや良	二尺九寸	二十本	乳熟始	不斉一

明治三十九年　九月十五日　土曜

気象　配当　観察

晴天

実習休業なるも一、二年生は午前午後、三年生の実農談を聞く。

第五号田、株数試験。

一般に生育宜しく、三十六株より六十株まで漸時に低くなれり。三十六株において草丈三尺四寸（１０２㎝）、六十株において二尺八寸（８４㎝）の草丈なり。ゆえに株五株増すごとに一寸（３㎝）宛劣る。即ち低き割合なり。各区とも斉一なり。今各区の分蘗数を示せば左の如し。

株数	三十六株	四十二株	四十八株	五十四株	六十株
分蘗数	二十二本	二十二本	二十本	十七本	十四本

同田中畦立経済試験区

本校畦立法跡地なるは生育佳良にして、斉一に穂並み美しく揃い、草丈三尺五寸（１０５㎝）にして分蘗二十二本となる。

球磨在来畦立法跡地は生育は佳良なるも、右に比較し不斉一にして草丈もやや短く三尺（９０㎝）なり。分蘗数十九本あり。

畦立法に於いても右の如き成績を得、百姓たるもの注意せざるべけんや。

明治三十九年　九月十六日　日曜

気象　観察

雨天夕方晴れ

第一号田、緑肥種類試験

※緑肥…田にすき込んで肥料分とする生の雑草や作物。

気象観察

全般頗る生育佳良なり。とくに普通二毛作区は草丈高く、成熟やや早き感あらしむ。次に蚕豆区、苜蓿区宜しく、その他は大抵同じ。一般に斉一よろしきも北より南に然々小なり。

第二号田、苗代跡普通栽培。

この区は成長頗る可良にして乳熟期なり。分蘖力も可なり。ことに葉片長し。同田中、緑肥区は第一号田緑肥区と違いなし。

明治三十九年　九月十七日　月曜

雨天

第六号田、除草器使用試験

ａ　太一車区は生育頗る佳良にして草丈は三尺（９０㎝）、分蘖二十一本、実付き余り密ならず。やや斉一なり。

ｂ　徒手区は生育右に同じく草丈同じく三尺（９０㎝）にして、分蘖二十三本実付き右に同じく斉一なり。

ｃ　備中鍬区は生育不良にして草丈九寸（２７㎝）、分蘖十八本、実付きはやや疎なるが如し。色黄を帯ぶ。

右の三区全般観察するに西方より東方に向かいて漸々なり。

これは一は水引きによるとは雖も除草器の試験結果に外ならず、然るも全般よりはａ区ｂ区に或いは量高さ勝るといえ、その収量についてはｂ区に一歩譲ると思う。その証は前比較して見る可し。

※蚕豆…そらまめ

※苜蓿《モクシュク》…うまごやし

※太一車…鳥取県出身の老農・中井太一郎の明治十年代に発明した除草機器。

同田中普通栽培区は肥育不良なり。草丈も短く分蘖も少なし。

明治三十九年　九月十八日　火曜

気象　曇天
配当　手入れ、畜舎
接木　果樹芽接
紫雲英下種準備、堆肥積替、農場肥料製造、前庭花壇作り、苗床準備、馬耕、標本整理
観察　第八号田、一年生徒競作地
本田はその中央を畦立あり。それを更に両方とも二区に分てり。これを観察するに両方共、何れも西より東に向かい然々小となれり。これは即ち潅漑水注入所の結果。即ち小となるは冷水の注ぐ方なり。一つは上より下に向かい養分を流し去るに依ると思う。
東方第四組担当地より始めんに、この区は生育最も不良にして草丈その区の東方にて二尺四寸（72㎝）、西方二尺七寸五分（82．5㎝）にして三寸五分（10．5㎝）の差あり。分蘖十二本なり。
第三組区は成育佳にして草丈東方二尺七寸五分（82．5㎝）、西方にて二尺八寸（84㎝）、その差僅かに五分（1．5㎝）、斉一ややよろしく分蘖十五本あり。
中畦より西方第二組区は生育やや可良なり。草丈東方にて二尺九寸五分

（88．5㎝）、西方にて三尺五分（91．5㎝）なり。分蘖十本あり。

第一組区は生育最も可良にして草丈三尺一寸（93㎝）、斉一にして分蘖二十二本なり。

右示せるものにては第一組区一番に位し、二番に第三組区、第二組区三番にして、終わりを第四組区とす。

明治三十九年　九月十九日　水曜

気象
朝霧深く、後晴天

配当
紫雲英下種準備、堆肥積替、農場肥料製造、畜舎手入れ、花卉苗床整地、馬耕、果樹芽接

観察
西畑第二号
沃心菜、第二学年担当地にして一般に発芽はなはだ不良なりしが、植次せしもの、見事に発芽して成長の途につく。一番植は今五寸（15㎝）となる。畦幅三尺にして株間を一尺五寸（45㎝）とす。
西畑第一号
近江蕪、生育最もよろしく茎丈八寸あり。葉帯黄緑色にして高く伸び葉広し。
天王寺蕪、生育右に同じく、その他色やや右より緑色を帯ぶ。葉巾右より小なり。その他同じ。
煙草は摘心以来天葉まで皆中葉と同一の色となる。生育非常によろし。土

業事　葉は皆一葉ないし二葉枇杷《びわ》色となる。
化学室東側十五坪の地籍に一合五勺（０．２７ℓ）の種子を播く。ただし撒播器を使用す。それは前日堆肥を一面に撒布して鍬を以て耕し、のち均平ならしめ置く。それより翌日その上に種子を撒布し、のち鍬を以て鎮圧す。

※土葉…たばこの着葉の位置による名称。根元に近い大一葉から第四葉を指す。
※撒播器…種子を田畑全面一様に播く器械。

明治三十九年　九月二十日　木曜

気象　晴天

配当　第一学年担当手入れ（第十三号畑、大根）

手入　西畑蕪菁駆虫、蕪種類試験区、駆虫、菘種類試験区、駆虫、芽接、農談準備、馬耕、臨時畜舎当直

※菘…すずな（かぶのこと）

業事　西畑煙草の下葉を三葉ないし四葉を取り、縄にて網み農舎に掛けたり。大根の手入れは一本に間引きし、その後駆虫す。

観察　畑第一号、蕪種類試験

種類	生育	根の大小	茎丈	色沢	備考
天王寺蕪	佳良	五寸廻	一尺五寸	緑色	茎、上に伸ぶ
瑞典蕪	可	甚だ小	一尺	緑色	葉縮み横に張る
近江蕪	佳良	四寸五分	一尺五寸	黄緑色	天王寺蕪に似て葉中やや広し
伊予緋蕪	可	二寸	一尺	帯赤紫色	
長蕪	やや可	一寸五分	一尺三寸	緑色	やや地に伏す
小蕪	不良	一寸五分	一尺	緑色	右同じ

明治三十九年　九月二十一日　金曜

気象　午前晴天、午後曇天

配当　畜舎堆肥舎附近整理、農道除草、堆肥積立、心枯抜、化学室前庭除草、農談準備、芽接

手入　前庭および畜舎

業事　本日東番外に蕓苔の下種を行う。その種類は左の如し。大朝鮮、大菜、肥後箒、富山、群馬、東京早生、佐伯の七種。

観察　第十二号畑、菜種類試験

種類	生育状況	茎丈	色沢	備考
体菜	やや可	一尺	帯黒緑	茎白く上に延ぶ
三河島	同	一尺二寸	帯黄緑	白菜にて横に張る
千筋水菜	同	八寸五分	帯濃黒緑	葉蝟毛に似て茎五十ないし七十本
小松菜	同	一尺二寸	緑	三河島菜に似て色やや黒く、葉高菜に似て縮む
壬生菜	同	一尺	帯黒緑	菠薐草に似て三十ないし五十茎あり

※蝟毛…ハリネズミの毛

明治三十九年　九月二十二日　土曜

気象　晴天、午後四時頃降りしばらく晴れ間を見しが、夜に至りまたはなはだ降る。

配当　なし。

観察　第十号畑、大根種類試験

種類	生育	茎丈	色沢	備考
守口	可	七寸	緑	
時無	可	七寸五分	黒帯緑	やや地に伏す（葉）
細根	不良	五寸五分	やや黒帯緑	右同
亀井戸	良	八寸	右同	
徳利	佳良	九寸	濃緑	葉巾広く横に伸び、ことごとく皆地に伏す
青頸	可	七寸五分	やや黒緑	
九日	大佳良	八寸五分	濃緑	徳利に同じ
練馬大長丸	佳良	八寸五分	濃緑	右同じ

明治三十九年　九月二十三日　日曜

気象　晴天

観察　帰省せしにより不能

明治三十九年　九月二十四日　月曜

気象　晴天、暑き事夏の日と同じ

観察　前日に同じ

明治三十九年　九月二十五日　火曜

気象　晴天

配当　蕪菁駆虫、西畑十一号畑、大根種類試験区駆虫

手入　畜舎、堆肥舎、担当菘

観察　第十号畑、大根種類試験（続き）

種類	生育	茎丈	色沢	備考
練馬中長	可良	九寸	濃緑	葉巾広く地に悉皆伏す
練馬大長	佳良	九寸	濃緑	右よりやや上に伸ぶ
宮重	佳良	九寸五分	最濃緑	皆上に伸ぶ
方領	佳良	七寸	濃緑	やや横に伸ぶ
聖護院	良	六寸	緑	
早生桜島	良	九寸	濃緑	葉、横に張り裂目多し
中生桜島	良	九寸	濃緑	右同
晩生桜島	良	九寸五分	濃緑	裂目最も甚だし

東番外の蕓苔、本日発芽何れも大いに佳良なり。

明治三十九年　九月二十六日　水曜

気象　晴天

配当　稲作生育調査、葱、甘藍等の苗床に下種

手入　西畑蕪菁、大根種類試験、蕪菁、担当菘

観察　東番外苗床

秋蒔葱。下仁田、千住、根深太、九條、岩槻、黄色葱頭。

甘藍、アーリーウイングスタット、ヘンダーソンスサンマー、大球縮緬、羽衣、蕪菁、子持。

花椰菜。アーリーロンドン、ネープリス、木立（大芥菜）

右のものは本日播下せしものなり。

化学室南花壇。

赤花除虫菊、王石晋行、座石松、大輪牡丹ケシ、美女撫子、美人草、Sweetpea、花菱草、Nootstum、八重花罌粟、矢車草、金盛花、小桜草、M・・・?、翠菊金魚草。

右草花、未だ発芽せず。

見本園
赤紫蘇は今花落ち終われり。葉は未だ落ちず。

青紫蘇は右より早生にして三分の一くらい実熟す。葉大抵落つ。

明治三十九年　九月二十七日　木曜

気象　晴天

配当　心枯々穂、粟のささら、稗抜取および担当地駆虫、前庭果樹除草、馬耕、畜舎手入れ。

下種　紫雲英

施肥　葱（春蒔）

業事　心枯々穂、粟のささらは抜取りてより、焼き棄てたり。葱の施肥は紫雲英の下種量

観察　第九号畑、陸稲種類試験

a．凱旋は生育最も可良にして、草丈四尺五寸（135㎝）〜四尺八寸（144㎝）あり。乳熟より黄熟に移る中間なり。最も濃緑にして最も剛なり。茎太し。稈は一つも倒れたるものなし。分蘗また最も甚だし。無芒種にして実付繁し。晩種に属するが如し。穂長さ七寸（21㎝）あり。

b．白藤は茎丈四尺一寸（123㎝）緑色なり。今黄熟稈倒れたる事五分の二くらいなり。分蘗も可なり。而してa種にはやや落つ。稈はやや剛なり。穂長さは六寸五分（19．5㎝）にして実付よろし。有芒種にして褐色を呈し長さ一寸五分（4．5㎝）内外なり。中種なるが如し。

明治三十九年　九月二十八日　金曜

気象　午前晴天、午後曇天（朝霧深し、寒きを覚う）

配当　畜舎当直、東第二、第三番外整地

施肥　担当大根

手入　前庭果樹、堆肥舎

業事　本日担当大根の施肥の順序は、初め中耕して株間を二寸（6㎝）くらいに掘り、それに追肥として人糞を反当五十貫（187．5㎏）、一人当一〆

三百三十三匁目（1．25kg）を施し、また土を肥料の上に覆いて根元には手を以て土を寄す。のち溝の土を上げたり。またこれを均一ならしめて終わりとす。

観察　第九号畑、陸稲種類試験（続き）

c．霧島は草丈三尺九寸五分（118．5cm）にして黄熟の終わりとす。やや色付き淡緑色を呈す。五分の三くらい稈倒れり。分蘖は白藤種に等しく稈は一体に弱し。穂の長さは八寸（24cm）、実付最も繁し。有芒種にして芒赤褐色、長さ一寸五分（4．5cm）あり。やや早生に近し。茎細し。

d．尾張。草丈三尺九寸（117cm）、黄熟なり。色は緑、茎は細く又柔らかく倒れる事右に同じ。穂長さは七寸五分（22．5cm）にして実付ややや可なり。無芒種とす。中種に属す。

明治三十九年　九月二十九日　土曜

気象　晴天にして朝霧深し。

配当　実習休業

観察　第九号畑、粟種類試験

品種	草丈	穂の長短	穂の大小	穂色	実付	芒の有無長短
八月	四尺八五	尺七五	小	褐	繁	無
白玉	四尺〇〇	尺六五	大	淡褐	やや疎	無
半六俵	四尺三〇	尺六五	中	黒褐	中	無
八畝十俵	四尺三〇	尺六五	中の大	褐	やや繁	無

吉利	四尺五○	尺七○	大	黄青	右同	有芒短
福島	四尺一○	尺七五	中の大	赤褐	密	有芒長
晩粟	五尺七○	尺九○	大	黄青	やや疎	短芒僅有
駒繋	四尺○○	尺六五	大の小	赤褐	右同	有芒長

明治三十九年　九月三十日　日曜

気象　晴天

観察　第三号田、窒素肥料同価試験（斉一なる事各殆ど同じ）

種類	生育	草丈	実付	倒否	備考
基本区	佳	三尺	佳	無倒	無
人糞尿区	最佳	三尺一寸五分	最多	同	同
大豆区	可	三尺	佳	同	同
日本油粕	可	三尺一寸	佳	同	同
醤油粕区	可良	三尺○五分	可	同	同
焼酎粕区	可良	三尺一寸五分	最多	同	同
毛髪区	佳	三尺	可良	同	同
鶏糞区	やや可	二尺九寸	可	同	茎小にして分蘖少なし

明治三十九年　十月一日　月曜

気象　晴天

配当　秣刈、畜舎手入、および庭球コート作り、農具室手入。

観察　第三号田、燐酸肥料同価試験区

種類	生育	草丈	実付	倒否	斉否	剛柔
蒸骨粉区	可	三尺	やや薄	無倒	やや斉	剛
硫素第一号肥料区	可	二尺九五	同	同	やや不斉	柔
米糠区	佳良	三尺一寸	可良	同	斉	剛
基本区	可	二尺九寸	やや少	同	佳良	柔
多木過燐酸肥料区	b可	同	同	同	斉	同
東京人造過燐酸石灰区	a不良	同	同	同	同	同
粗骨粉区	可	同	同	同	同	同

右燐酸肥料区を窒素肥料区に比較すれば、色沢非常に緑色を呈す。また表に示せし如く、草丈著しく短く斉否も劣り実付および分蘖も少なきが如し。

※秣…まぐさ

明治三十九年　十月二日　火曜

気象　雨天

配当　実習休業、第四号田種類試験区

観察　神力　生育最も可良にして草丈三尺（９０㎝）となり、穂は小にして長さ六寸（１８㎝）あり。実付は割合に密にして八十五粒くらいを平均とす。粒は形円く中に属す。斉最も佳良にして、黄色。稈剛にして倒れず。
竹成　この種は穂の長さ、神力よりやや長く、その他は右に少しも変わるところなきが如し。

気象
配当
観察

都　草丈三尺五寸（105㎝）にして生育やや可なり。穂は長さ六寸二、三分（18．6～18．9㎝）あり。実付やや密にして百二十八粒平均とす。粒は円形にして大きく、中熟種にして無芒種なり。稈柔にしてわずかに倒れるあり。不斉にしてシイナ最も多し。淡褐黄色を呈す。
竹成撰　成育最も生育佳良にして、草丈三尺五分（91．5㎝）にして粒百二十八粒くらいを度とす。その他神力、竹成種に同じ。

明治三十九年　十月三日　水曜

朝雨降る、後晴となり夜に至り月皓々たり。

休業

第四号田、種類試験区
肥後坊主　生育可にして草丈三尺（90㎝）、稈柔にして二、三倒れたるを見る。中熟種の有芒種に属し長さ六寸五分（19．5㎝）、粒は中の小にして、実付やや密にして百十五粒くらいあり。穂良く揃う。黄色を呈す。
大坂坊主　生育は可にして草丈三尺五寸（105㎝）なり。稈柔にしてやや倒る。穂長さ六寸三分（18．9㎝）、粒は中の大にして実付は中にして百粒平均とす。不斉一なり。淡褐の色を呈す。
雄町　生育最も可良にして、丈高く三尺四寸（102㎝）、稈はやや剛にして倒れたるものなし。穂はやや長く六寸五分（19．5㎝）くらいあり。粒は中に属し百五粒くらいあり。最も斉一にして黄色なり。晩熟有芒なり。

気象
配当
観察

穂増　生育可にして草丈高く三尺四寸五分（１０３．５㎝）あり。稈柔にしてやや倒る。粒は小にして穂の長さ六寸（１８㎝）あり。実付中にして百五粒あり。中塾種の無芒種に属し、穂揃やや可良にして淡褐色を呈す。

明治三十九年　十月四日　木曜

朝霧深く、後晴となる。本朝ことに寒気を覚う。

なし

第四号田、種類試験区

白藤　生育やや可にして草丈三尺五寸（１０５㎝）、稈柔にして倒れたり。穂は大にて長さ六寸あり。粒も大なり。実付は中にして九十六粒内外とす。甚だ不整一にしてシイナ最も多し。

白玉　中熟種にして粒は大形にして楕円なり。穂は大ならざれども実付割合に密なり。長さ六寸五分（１９．５㎝）、九十粒内外とす。稈はやや柔にして二、三倒れあるを見る。

五斗夜食　生育可良にして草丈三尺三寸（９９㎝）、穂の長さ六寸（１８㎝）、実付やや密にして百十五粒前後とす。中の大にして籾稃にやや光沢あるが如し。稈はやや柔にして二、三の倒れを見る。稈籾共に枇杷色を呈し、はなはだ美なり。斉一もやや可良なり。有芒種なり。

駿河坊主　生育最も可良にして草丈三尺八寸（１１４㎝）、稈長きを以てやや柔にして二、三の倒れあるを見る。穂は最も長く七寸五分（２２．５

※シイナ…熟しておらず、中が空っぽの状態の籾。いわゆる空籾（カラモミ）。

㎝）実付最も密にして百九十三粒くらいを常とす。粒は中の小なり。淡黒緑色にして芒を有す。やや斉なり。
伊勢稲　生育可良にして草丈三尺五寸（１０５㎝）、稈柔にして倒れたり。穂は六寸（１８㎝）にして実付九十三粒前後とす。中の大なり。有芒種にして最も多く、また最も長し。揃方最も不良にしてシイナ多し。西畑煙草土葉の上、即ち中葉三枚ー四枚収穫したり。而して連干法を行い、農舎に貯蔵す。
第四号田、種類試験中、伊勢稲刈りたり。
記事
自十月五日至十月八日郡内旅行
自十月九日至十月十日旅行休み
旅行中農場の主なる業事および気象を示さん。

明治三十九年　十月五日　金曜

気象　晴、午後やや曇る
業事　手入れ、果樹園間作菜

明治三十九年　十月六日　土曜

気象　晴天

業事　西畑農道除草

明治三十九年　十月七日　日曜

気象　晴天、初霜降る
業事　収穫、煙草
特記　本校の葉煙草は未だ色附かざりしも、初霜降りしをもって再び霜の害を恐れて収穫したるものなり。色附かざりしはあまり肥料の過多なるによる。

明治三十九年　十月八日　月曜

気象　晴天
業事　中耕、果樹園菜
追肥　培土、第十二号畑および東番外、油菜

明治三十九年　十月九日　火曜

気象　晴天
業事　収穫、第十一号畑、蕪菁
稲の調製、西畑蕪菁駆虫、および除草

明治三十九年　十月十日　水曜

気象　晴天、夜九時頃雨少々降る

明治三十九年　十月十一日　木曜

気象　晴天

配当　手入　校門左側果樹、水田側梨および葡萄樹

観察　第四号田、種類試験中（水稲）
都、竹成撰、肥後坊主、大坂坊主、雄町、穂増、白藤、白玉、五斗夜食の九品種、本日刈る。而してその地に乾かし置く。
第九号畑、粟種類試験中
八月、駒繋場、福岡島原の三種、本日収穫す。
同畑、陸稲種類試験中
霧島、尾張糯の二種、本日刈りたり。
本校純粋バークシャ種、仔を生む。七匹なるも三匹は死す。

※バークシャー種…英国産の豚の品種。毛色は黒色、しかし顔、四肢端および尾端は白く、バークシャーの六白という。

明治三十九年　十月十二日　金曜

気象　晴天

配当　南側果樹園耕起、西側煙草跡地および茄子畑整理、馬耕。

観察　第四号田、水稲種類試験中

神力および竹成撰の二種、刈り同所に干す。
同田分蘖力試験中
神力、竹成、都、肥後坊主、大坂坊主、雄町、白藤、白玉、五斗夜食、穂増および番外を刈りたり。
東番外第二号畑
秋蒔葱および葱頭、甘藍の覆を本日取りたり。

明治三十九年　十月十三日　土曜

晴天
実習休業
本日は第三号田窒素肥料同価試験区および燐酸肥料同価試験区を刈りたり。而して同田に干せり。
東番外、蕓苔
佐伯、東京早生、富山の三種は良く似て、草丈五寸五、六分（16．5〜16．8㎝）に成長す。成育何れも可良にして緑色を帯ぶ。
肥後箒は生育同じく可良にして、葉は緑色なり。丈やや低く五寸（18㎝）なりとす。
群馬は茎丈三寸（9㎝）にして、その葉、黒帯緑色にして、葉脈および根、紫色を呈す。
大菜、大朝鮮は右群馬種に良く似たり。而して丈やや低し。

気象
配当
観察

明治三十九年　十月十四日　日曜

気象　晴天

観察　東番外、苗床の苗、発芽状況を示せば、大芥菜、最可良なり。

子持甘藍、蕪菁甘藍、大球縮緬甘藍、甘藍アーリーワイングスタッドの四種発芽よろしからず。

木立花椰菜、花椰菜ネープルスは最も不良にして二、三の発芽あるのみ。

花椰菜アーリーロンドン、一つも発芽せず。

羽衣甘藍は佳良なり。

甘藍ヘンターソンスサンマー、最佳良なり。

※大芥菜…おおからしな
※木立花椰菜…ブロッコリー
※花椰菜…カリフラワー。キャベツ科の一変種。葉球を結ばず、中心部に白いかたまり状のつぼみが付き、これを食用にする。

明治三十九年　十月十五日　月曜

気象　晴天

配当　南果樹園、耕起、畜舎手入れ、堆肥積替え

観察　本日は第三号田の窒素肥料同価試験および燐酸肥料同価試験区の刈り置きしものを農舎に収納し或一部汲《そ》ぎ落としたり。
東番外第二号、葱発芽の状況
黄色葱頭、岩槻葱はやや他種に劣れり。
九条葱、根深太葱、千住葱、下仁田葱、右二種にやや勝る。とりわけ下仁田葱は発芽最も斉一にして生育よろしく佳良と認む。

明治三十九年　十月十六日　火曜

気象　朝霧やや深く、晴れてより非常に蒸し暑く、午後五時頃となりやや曇り、夜に至りやや雨降る。

配当　堆肥積立、畜舎手入、西畑煙草、茄子跡耕起

観察　化学室南側花壇
王石晋行、七、八本の発芽を見る。美人草もわずかに発芽せり。
Poppi　これは一本にて茎葉共良く豌豆に似て一寸五分（4．5㎝）あり。
Nastrartium　七、八本の発芽にして三分（0．9㎝）くらいに成長す。
Motora　非常に発芽多く五分（1．5㎝）くらいとなる。
花菱草はわずかにして七分（2．1㎝）くらいとなる。
矢車草、金盛花、非常に多く発芽一寸（3㎝）くらいとなる。
小桜草は最小にして密生す。

明治三十九年　十月十七日　水曜

気象　本日は神嘗祭にて休業

明治三十九年　十月十八日　木曜

気象　晴天、微風颯々としてやや秋冷を覚ゆ。

※Nastrartium…ナスタティウム。金蓮花。

※花菱草…カリフォルニアポピー。

※神嘗祭《にいなめさい》…毎年十月十七日に行う宮中行事。天皇が、その年の新米を伊勢神宮に供える祭事。

配当　第一学年担当稲刈り取り

手入　同萊菔《らいふく》の手入れは駆虫せしのみ（主にさるは虫、心切虫）

業事　第一号田、緑肥試験区、第二号田、苗代跡普通栽培および第一緑肥試験区、第四号田、種類試験区および分蘖力試験区、第五号田、播挿秧期試験区、株数試験区、本球麦畦立法跡地、第六号田、除草期試験、普通栽培、第七号田、模範的普通栽培、第八号田、生徒競作地。

右本日刈り取り

第九号畑、粟種類試験

八畝十俵、半六俵、白玉の三種、本日刈る。

観察

本日鶏生まれたるを見る

※萊菔《らいふく》…大根

※心切虫…シンキリムシ。鞘翅目タマムシ科の一種。新芽の心梢（こずえのずい）を害するものである。

明治三十九年　十月十九日　金曜

気象　晴天、霜降る、朝霧深し。

配当　粟穂摘収、畜舎手入れおよび堆肥積立、粟調製、運動場の草刈り

本日は第九号畑、種類試験（陸稲）凱旋、白藤

第十四号普通栽培粟

右種類いづれも本日刈り。

観察　見本園なる蕃椒は両方共三分の二くらい成熟す。生育すこぶる佳なり。今日見れば七日の霜と本日の霜に逢いしを以て、葉やや凋《しぼ》みたるの感あり。ゆえに覆するの必要ありと思う。

本校養豚バークシャ牡種用、脳貧血にて死す。当日解剖す。

明治三十九年　十月二十日　土曜

気象　本日は一体に寒く、午後曇天なりしが五時頃より微雨少々

配当　第一号、第二号、第七号田および一年級担当稲運搬

観察　見本園

青紫蘇はことごとく皆完熟して緑色を失う。

赤紫蘇は尚ことごとく皆完熟せず、下葉二、三葉残りて今尚昔日の色香を保てり。右なると比較し見るに、幼少生育の際は右青紫蘇なるがすこぶる高けれども、今はかえって低きの感あり。

明治三十九年　十月二十一日　日曜

気象　微雨

明治三十九年　十月二十二日　月曜

気象　雨天

配当　担当稲扱《こ》ぎ

業事　担当稲藁量、第一組三十一〆八百目（3kg）、第二組二十六〆二百目（0.75kg）、籾量は未だ不分

観察　第十五畑

蕎麦は臥れる事はなはだし。これ窒素肥料に富み、加里肥料および燐酸肥

※蕎麦《きょうばく》…そば

料に乏しきゆえなりと思う。ために稈伸び過ぎ、また実の結び方最も少なく半分くらい黄熟したり。

明治三十九年　十月二十三日　火曜

気象　曇る事多く、午前雨少々降る。午後ことに暖かく、夜に至りはなはだし。
配当　担当水稲扱《こ》ぎ
追肥手入　第二学年担当西畑蔬菜（反当たり五十貫）一人前一〆三百三十三匁目（1.25kg）
業事　蔬菜の収穫、一人前二貫六百六十六匁目（10kg）
観察　担当稲藁量
西畑第一号、蕪菁
天王寺蕪菁は生育最も宜しく濃緑色なり。葉巾やや狭く、草丈は高し。根は最も大きく一尺二、三寸（36～39cm）廻りは普通なり。
近江蕪はやや黄緑色に近く、葉巾右よりやや広きの感あり。根は右より小なるものやや多きが如し。

明治三十九年　十月二十四日　水曜

気象　曇天、風甚だし
配当　休業、実習

観察

見本園

瑞典蕪は生育やや可良にして、葉横に張り而して縮みまた葉巾広し。濃緑色を呈す。

※瑞典蕪…スウェーデンかぶ

火焔菜は生育やや可良にして、色は帯紫紅緑色なり。葉の形やや茄子の葉に似て葉柄やや長し。左の図の如し。

※火焔菜…ビート、赤かぶ

菠薐草は生育甚だ遅く、未だ他に比すれば小にして丈短し。アザミの葉にやや似たるところあり。緑色を呈す。左に図を示す。

※菠薐草…ほうれんそう

（実物写生）

明治三十九年　十月二十五日　木曜

配当　粟普通栽培調製、畜舎手入れ

施肥　担当大根

業事　本日大根の施肥は反当たり五十貫（187.5kg）にして、一人前一貫三百三十三匁目（5kg）なり。駆虫後株間を掘り施肥し、のち土を覆いのち溝内の土を寄す。

観察　第十号畑、大根種類試験区

記事

宮重大根は生育可良にして緑色を呈し、葉は上に伸ぶ。
守口大根は右に同じ。
時無大根は黒帯濃緑色にして葉やや上に伸ぶ。
細根大根は黒帯緑色にしてやや横に張る。
亀井戸大根は生育は可良、濃緑色にして上に伸ぶ。
本日は兎短毛種五頭買入。一頭は黒色を帯ぶ即ち鼠色。その他は真っ白なり。

明治三十九年　十月二十六日　金曜

気象　朝霧深く晴天なり。夜に至り月皎々。午後やや曇りを帯ぶ。
配当　畜舎当直、堆肥積立、西畑蕪菁駆虫、粟稈乾燥
手入　温床、見本園
施肥培土　葱
調査　粟種類試験区調製調査、框試験区、稲刈りおよび調査。
業事　粟稈乾燥は二尺（６０㎝）廻くらいに束ね、それを立て元は拡ぐ。
見本園は四畦だけ耕し溝を上げたり。畦巾六尺五寸（１９５㎝）、長二間（３６０㎝）。
温床は皆中なるものを棄てて土を均一にす
葱の施肥は反当たり五十貫（１８７．５㎏）を水四倍に割りて用う。
観察　本日種類試験の晩粟種、吉利種の粟、根より抜き取りたり。

明治三十九年　十月二十七日　土曜

気象　晴天
配当　実習休業
観察　帰省にて不能

明治三十九年　十月二十八日　日曜

気象　晴天にして暖かなりしが、午後やや曇り夜に至り雨少々降る

明治三十九年　十月二十九日　月曜

気象　午前雨、後止む
実習　なし
観察　第四号田、馬耕せり。西側の一部分
東番外
甘藍アーリーウイングスタッド、蕪菁甘藍、甘藍ヘンダーソンスサンマー、木立花椰菜、羽衣甘藍、大球縮緬甘藍。
右種類を一畦となし而してその上に覆をなせり。その移植の株間は二寸五分（7．5㎝）、横四寸（12㎝）、隔離蓋は高さ一尺八寸（54㎝）、横四尺五寸（135㎝）にして、その中央に竹を通し、上に麦藁にて編みたるものを覆へり。二十七日、土曜日になせり。

明治三十九年　十月三十日　火曜

気象　雨天

配当　祭日にて休業

観察　第四号田、馬耕の残余、本日終結を告ぐ。
畜舎付近地および果樹園附属地に大介菜を移植す。縦株間一尺八寸（54cm）、横株間六寸（18cm）ないし七寸（21cm）、肥料は人糞のみ。

※大介菜…からしな

明治三十九年　十月三十一日　水曜

気象　午前十一時まで雨降り、後晴れ

配当　なし

観察　本日は第八号田の馬耕をなしたり（農夫）
化学標品室の東方紫雲英は高さ二寸（6cm）ばかりになりたるも、あまり密生せるため生育やや遅きが如し。

※紫雲英…れんげ

明治三十九年　十一月一日　木曜

気象　晴天

配当　田畔打ち起こし、畜舎手入れ、見本園手入れ、農道畦畔修定

移植　苺

観察　果樹園第一号畑

第五号田と第六号田を本日馬耕す

本日は同園の苹果と枇杷の間に苺を移植す。畦幅二尺五寸（７５㎝）にして、株間は八寸（２４㎝）とす。
同園中間作沃心菜は生育頗る盛んにして大抵結球せり。

※苹果…りんご
※枇杷…びわ

明治三十九年　十一月二日　金曜

気象　曇天。風吹き非常に寒かりき

配当　本日は休業にして茸《きのこ》狩りに行く

業事　東番外畑
右の葱床に霜覆をなしたり。北向き傾斜にして、南方高き方にて一尺八寸（５４㎝）、低き方にて一尺五寸（４５㎝）、ために五寸（１５㎝）の傾斜覆なり。

観察　見本園
早生桜島莱菔は生育最も良好にして、縦横揃いて成長す。葉は裂け目はなはだしくまた多く、一体に縮む。濃緑色を呈す。茎の大なる事、他種の遠く及ばざるものと認む。
中生桜島莱菔、斉一なる事他種に勝る。その他右に同じ。
晩生桜島莱菔は生育右同なるも晩種なるを以て成長遅し。

※桜島莱菔…桜島大根

明治三十九年　十一月三日　土曜

気象　晴天、少々霜降る
実習　三大節の式日を以て休み
観察　第十四号畑
岩槻葱、生育あまりよろしからず。葉最も小なり。分蘖はなはだ多し。成長一時とどこおり居るが如し。病気に罹る。
千住葱、生育可なり。大葱種にして上に伸ぶ。分蘖殆ど無し。根深太葱は生育最もよろしく、大葱種の小に属す。高き事、他種に勝る。かつ分蘖も岩槻葱に殆ど匹敵す。葱中第一と認む。下仁田葱は葉一体に低く、横に伸びたり。大葱種のとりわけ大なり。生育は可なり。
韮葱は生育あまりよろしからず。葉は一体に横に張る。また平く、シュロの葉に似たり。
右葱は韮葱の外、病気に罹る事甚だし。

※三大節（明治期）…
四方拝（一月一日）
紀元節（二月十一日）
天長節（十一月三日）

明治三十九年　十一月四日　日曜

気象　晴天。霜降る。大いに寒し。日中となりやや暖かなり。

明治三十九年　十一月五日　月曜

気象　晴天
配当　堆肥調製、水田塊割、畜舎手入れ、油粕砕き、粟調製、粟稈秤量、見本園手入れ。

収穫　西畑、蕪菁

観察　本日は第三号田と第一号田とを馬耕す。

第五号田と第六号田とを塊割す。

第十号畑見本園
鷹爪および八房蕃椒。蕃茄、青紫蘇収穫す。

西畑第一号。

近江蕪菁、天王寺蕪菁の二種同じく収穫す。

第四号田に麦期節試験区二畦下種、畦巾三尺五寸（１０５㎝）にして品種は早小麦とす。

明治三十九年　十一月六日　火曜

気象　晴天

配当　水田塊割、堆肥調製、畜舎手入れ、草苺移植、油粕砕き、蕪菁販売準備、馬耕

施肥　前庭果樹

観察　化学室前庭に長さ五間に巾二尺五寸（７５㎝）の畦二本拵《こしら》えたり。これに草苺を移植する筈なりしも、本日は畦立てのみ。
本日は第七号田と第四号田と第三号田とを塊打ち終わる。また第一号田と第二号田の一部馬耕す。第九号畑の一部馬耕。前庭果樹の施肥は根元より

一尺三、四寸（39～42㎝）くらいまで円く自然に深く掘り上げ、それに堆肥一貫目宛施し上に土を覆う。

明治三十九年　十一月七日　水曜

気象　晴天

配当　担当麦田整地、一年全部、堆肥調製、蕪菁販売、畜舎手入れ、水田馬耕、油粕破砕

移植　草苺

配当　終わり

観察　正門西側花壇中牽牛花およびタ顔、本日除去す。第三号田、整地、第八号田の一部本日馬耕。第一学年担当麦田地は第一号田に定められたるも、畦数少なきを以て第二号田東方の一部を加えらる。吾等は第二号田なり。

明治三十九年　十一月八日　木曜

気象　晴天。霜

配当　麦撰種、油粕砕き、馬耕。監時畜舎当直。麦担当地実習、二学年全部。

移植　草苺

業事　本日は麦の撰種をなす。その方法を示せば左の如し。

※牽牛花…あさがお

まず苦塩汁を以て比重一、二二を有する溶液を作り置き、それより笊《ざる》に種子を入れそのまま溶液を作り置きし桶に入れ、よく攪拌し浮きし種子を掬い去り、外の笊《ざる》に移し、沈下せし種子は直ちに清水に洗い、塩分を去りて後蓆上に干す。しかしながらあまり種子の浮く事はなはだしかりしを以て、中程にて比重を一、二〇、即ち塩の飽和液と同じくして撰種を行う。右なる浮沈は前なるは一斗（18ℓ）に対して三升五合（6．3ℓ）浮かびたり。故に三十五％の比重なり。後なるは一斗（18ℓ）に対して三升（5．4ℓ）浮かびたり。故に三〇％なり。

注意　麦の比重は大抵一、二二にて適当とするもその年と気候について加減せざる可からず。然らざれば半分以上浮かぶことあるを以てなり。

観察　第五号田、前作水稲期節試験の後地を馬耕し塊割を行いしありが、本日馬耙し麦を作るべく三尺（90㎝）の畦を作りたり。
二学年担当地は第七号田となる。
化学室前南方の庭には更に長さ五間に巾二尺五寸（75㎝）の畦を二本拵え四畦となし、苺を株間一尺三寸（39㎝）に移植す。而してその間に人糞尿をわずかに施肥す。

特記　麦は塩水撰を行いしより、洗わずしてそのまま灰に交えて下種するも可なり。また過燐酸石灰に交ゆる事あるも、時によりては種子の死滅する事あるを以て後者は戒しむべし。麦の撰種をなすに何故に塩を用いざるか。
これは塩の比重なるものは、その飽和液一、二〇を越えず。ゆえに高比重の種子を撰種する事能わざればなり。現今は大抵苦塩汁撰をなすなり。そ

※苦塩汁…にがり
※蓆…むしろ

の比重は一、二三を有す。

明治三十九年　十一月九日　金曜

気象　晴天
配当　麦担当地整地。一、二学年共、油粕砕き、馬耕、監時畜舎当直
移植　草苺
観察　本日は第九号田の中央部わずかに馬耕せり。第五号田及び第六号田の一部の麦田整地せり。草苺は前日の続きなり。
記事　本日は豚の腸詰をなしたり。

明治三十九年　十一月十日　土曜

気象　晴天霜甚だ降りき。
配当　実習休業
観察　第六号田、塊砕きありしを馬耕し、昨日の続きより整地し未だことごとく皆終わらざりき。本朝の霜にて害を及ぼせし作物を示せば、第十五号畑なる桑は葉ことごとく皆凋《しぼ》みたり。それより第十号畑なる落花生および化学室前の花 nastrtium はなはだ害せらる。

明治三十九年　十一月十一日　日曜

気象

曇天

観察

第十五号畑

蕎麦は皆花落ちことごとく皆成熟したり。また成熟せざるは霜害に罹りしゆえならん。されば早く刈り取るの外なし。本日は第四号田、麦畦整地をなすを見たり。

※蕎麦…そば

業事

麦種類試験用のもの本日苦塩汁撰びをなしたり。これは先日行いし液にて比重も同じく一、二〇とす。

明治三十九年　十一月十二日　月曜

気象

雨天。夜に至りて雨止み風烈し。

観察

担当競作莱菔について感想

第十二号畑、第一学年担当聖護院莱菔は何れも青々として成長しつつあり。然るに第十三号畑なる同担当練馬莱菔に比較する時ははなはだ劣等なり。これ他ならず下種期の遅れたればなり。かつ品種に依りても差異あり。尚、両畑の莱菔は担当者自身で播きたるに非ず、尚第十二号畑全面を見渡すに公平なる眼球を以てせば必ずや東方の成長盛んにして西方の劣れりを知らん。これその担任自身の熱誠なる手入れの如何に関するといえども、これ土地の如何に関する事至大なるを覚ゆ。何となれば西方は新開墾地なればなり。

かく右に述べたる畑の担当者たるや組割にて、その上くじ引きして担当となりたるものなれば、西方のものも何ぞ不公平ぞ無し。然るに思え。畑の異なるのみならず同組よりその一部、分れたるにあらずや。況んやその莱菔の異なる種類に於いておや。到底公平なる競作の結果を得る事は難しきとぞ思う。

明治三十九年　十一月十三日　火曜

気象　雨天

実習　休業

観察　見本園なる菜豆ライマビーン及び果樹園附属地なるウド、この頃の霜のためにや凋みはてて今にうたれる様衰れなりされば、蓋《ふた》をなし置く事必要なり。さすれば菜豆のごときは採種する事も出来しならん。

※ウド…土当帰

明治三十九年　十一月十四日　水曜

気象　雨天、午後雨少々にして風吹く

実習　本日は午後休業にして柳橋に馬市見物に行く。

観察　期節試験麦（第四号田）本日一、二本の発芽を見る。

※柳橋…球磨郡多良木町の地名

明治三十九年　十一月十五日　木曜

気象　雨天
観察　本日は第四号田に期節試験麦本月五日播の続きに二畦下種す。
同田五日播は数本発芽したり。

明治三十九年　十一月十六日　金曜

気象　曇天、微雨少々
配当　実習休業
観察　第十五号畑、蕎麦刈りたり。見るに種子多く脱落せるを見る。これ即ち成熟過ぎたればなり。尚刈る事遅きになりたればなり。
第四号田麦は本日やや作條見えるまでに生え出でたり。

明治三十九年　十一月十七日　土曜

気象　曇天、午後三時頃より雨降る。夜に至りて止む
配当　水田、馬耕、肥料調整
観察　本日は第八号田馬耕したり
第四号田五日播はことごとく皆作條見えたり。発芽よろしきが如し。

明治三十九年　十一月十八日　日曜

気象　晴天
観察　本日は第四号田および第六号田、整地す。

明治三十九年　十一月十九日　月曜

気象　晴天
配当　八号田、整地。第三号田、第四号田、麦下種、肥料秤（午前中）
下種　担当、麦下種、八号田、下種
観察　東二番外畑、大芥菜の中央部および甘藍の西方および東方、根切したり。甘藍の種類はアリウングス、ヘンタースサンマー、子持甘藍、蕪菁甘藍、縮緬甘藍なり。また大芥菜はまた蚜虫の害のため、またあまり密生なりしより枯死したり。甘藍は根のことごとく皆根付かざると、虫害のためなり。

※大芥菜…たかな

明治三十九年　十一月二十日　火曜

気象　曇雨半々にして、夕方となり寒気烈し
配当　(午前)第十一、十四号畑および第九号畑東方の粟の後地および第一号西畑、麦下種、第二学年担当西畑、菘収穫、および西畑一号、蕪菁収穫、肥料秤量、調整
収穫　(午後)西畑第二号、麦下種、堆肥積立
観察　第十二号および第十三号、莱菔、一学年担当（菘類および蕪菁販売）

※菘…すずな。カブの異名。

第三号田窒素同価試験区名を示せば左の如し。
基本肥料区、人糞尿区、大豆粕区、日本油粕区、醤油粕区、焼酎粕区、硫酸安母尼亜区、鶏糞区。

明治三十九年　十一月二十一日　水曜

気象　霜少々降る。晴天。遥か市房、白髪の両山に初雪見えたり。

配当　肥料秤量および調整施用、第十二号畑大根、菘収穫、蔬菜販売、堆肥積立、畜舎当直、蔬菜販売手伝い、草苺および除虫菊根分

下種　東第三番外、燕麦下種

移植　甘藍第二回

業事　草苺、および除虫菊は正門庭花壇地に移植す。
甘藍は株間六寸にして移植せしものは（縮緬甘藍、ヘンタースサンマン、蕪菁甘藍、アリーングス、子持甘藍）を除く外の種類を移植す。而して成長よろしきもののみにて悪しきものはそのままなり。

観察　第三号田、燐酸肥料同価試験区名を示せば左の如し。
蒸骨粉区、硫曹第一号肥料区、米糠、基本肥料燐酸区、多木過燐酸石灰、東京人造過燐酸石灰、粗骨粉。

明治三十九年　十一月二十二日　木曜

気象
配当
移植
収穫
観察

晴天
農場整理、畜舎当直、紫雲英被覆、見本園手入、農具室整理、標本整理。
葱頭移植および霜被設備
莱菔種類試験区
本日は見本園なる菊芋、落花生、食用大黄、菜豆、ライマビンを収穫したり。
東第一番外なる葱頭は、昨日移植せし甘藍の次、わずかばかり生育よろしきもののみを取り、株三寸（９㎝）くらいを隔てて移植したり。
第四号田中種類試験区名を示せば
菊池（原産地熊本県）二畦、宮崎坊主（原産地宮崎県）二畦、ドースタラリー（原産地米国）二畦、岩打一畦、穂揃一畦、オレゴン（原産地米国）二畦、早小麦（原産地熊本県）二畦、六角シユバリエー一畦、ケープ一畦、ビンヤツコ一畦、ゴルデンメロン一畦、若松一畦、一皮一畦、白六角一畦とす。

※紫雲英…れんげ
※葱頭…たまねぎ
※大黄…漢方薬として用いられる。タデ科の多年草。消炎、止血、便秘の改善などに効能あり。
※菜豆…いんげん

明治三十九年　十一月二十三日　金曜

気象
実習
観察

大霜、晴天
本日は新嘗祭にて休業
第五号田、裸麦種類試験、供試分量四升、畦幅一尺八寸（５４㎝）、島原（原産地長崎）、垂水（原産地京都）、京女郎（原産地京都）、大粒（原産地佐賀県）、田代坊主（原産地岡山県）、コビンカタゲ（原産地岡山県）、養父（在来種）、膝八（在来種）。

※新嘗祭《にいなめさい》…十一月二十三日に天皇が神々に新米を備え自分でも召し上がる。宮中の行事。現在の勤労感謝の日。

明治三十九年　十一月二十四日　土曜

気象　半曇半晴、寒し

実習　休業

観察　第五号田中

畦立法経済試験、種類コビンカタゲ、種量反当四升（7．2ℓ）、下種期十一月十九日畦幅一尺八寸（54㎝）、本校普通畦立、本郡在来畦立法

明治三十九年　十一月二十五日　日曜

気象　晴天

観察　第十号畑、大根種類試験中、宮重、青頸大根収穫、第四号田、麦期節試験区下種

明治三十九年　十一月二十六日　月曜

気象　大霜降る。晴天

実習　校友会にてなし

観察　第六号田緑肥種類試験、品種コビンカタゲ、下種量反当四升（7．2ℓ）、肥料小麦肥に同じ、下種十一月十九日

同田小麦普通栽培、菊池、基本肥料区緑肥試験

明治三十九年　十一月二十七日　火曜

気象　十時頃迄雨、後曇り、午後晴天

配当　実習休業

観察　第十二号畑、菜二畦本日収穫

第十号畑、大根種類試験中、聖護院、方領、練馬、九日、徳利、亀井戸、細根、時無、莱菔収穫。

記事　本年度本校に於いて施用の肥料価格および一升の重量、左表の如し。

品名	一貫目価	一升の重量
人糞尿	十三銭	〇貫五百目
大豆粕	二十九銭三厘	二百三十五匁
日本油粕	二十五銭六厘	二百四十三匁　二回平均
堆肥料	〇、四厘―一銭	
醤油粕	五銭五厘	百七十一匁
焼酎粕	五銭五厘	五百一匁
毛髪	十銭〇厘	
鶏糞	十五銭	百五十七匁　山計
蒸骨粉	四十五銭	五百十匁
硫層第一号肥料	二十八銭八厘	三百八十五匁
重過燐酸石灰	五十銭	三百七十二匁
多木過燐酸石灰	十八銭	三百五十匁
粗骨粉	四十銭	三百五十匁
硫酸アンモニア	八十銭	二百八十八匁
知利硝石	六十銭	四百八十四匁
木灰	二銭	二百七十四匁

東京人造過燐酸石灰および米糠、表中これを欠く。

明治三十九年　十一月二十八日　水曜

気象　軟化框設定、温床整理
配当　見本園、果樹園
手入　見本園中菠薐草は移植用となすべく少し残し置き、その他本日収穫す。
観察　同園中大根（桜島）に培土す。なお葱には施肥を行い培土す。石刁柏は根
培土　元一寸（３㎝）くらいより刈り取りたり。除虫菊は果樹園第一号に移植す。
株間一尺五寸（４５㎝）なりとす。
移植　果樹園第二号なる間作葱にも施肥し培土を行う。同園第一号なる菜の後地は耕起して而して畦立をなし置きたり。

※石刁柏…アスパラガス

明治三十九年　十一月二十九日　木曜

気象　曇天。微雨少し降りたり
配当　軟化框設定、温床腐壊篩《ふる》い分け、畜舎当直
施肥　果樹施肥
観察　本日は果樹園第二号畑梨樹に施肥す。肥料は堆肥にして一本に二貫（7.5㎏）宛にして、一本の樹の周囲八寸（２４㎝）ないし一尺（３０㎝）くらいのところを掘り、肥料を入れ而して後掘りかぶせ置きたり。
第十二号畑菜の収穫

明治三十九年　十一月三十日　金曜

気象　霜降る晴天
配当　馬耕、軟化框腐壊篩《ふる》い分け
施肥　果樹園
観察　果樹園

本日東第一番外畑、牛蒡を収穫したり。

果樹園第三号畑、即ち柿に施肥を行う。肥料は堆肥にして一本に付三貫（11．25㎏）宛施したり。その方法は梨の如し。

本日は第十三号畑、馬耕す。

明治三十九年　十二月一日　土曜

気象　大霜晴天
配当　実習休業
観察　見本園第十号畑なる桜島莱菔の葉少々霜害に罹り枯死せしを見る。同莱菔に昨日培土したり。
第十四畑西部、麦種類をあぐれば佐賀粒、膝八（裸麦、畿内?·場産）小鯖（裸麦、鹿児島県農事試験場寄贈）美人裸（長崎県試験場産）裸麦大丈夫にして未だ発芽せず。

※桜島莱菔…桜島大根

明治三十九年　十二月二日　日曜

気象　曇天

配当　本日は西畑番外なる胡蘿蔔を収穫したり。

観察　果樹園第一号草苺、ドクトルモーレル、ビルモーラン、四季成、和蘭種の四種、先月移植したり。
西畑なる燕麦はレスホース、ナイヤガラ、白燕麦の三種なり。

※胡蘿蔔…にんじん

明治三十九年　十二月三日　月曜

気象　晴天

配当　温床腐壌篩《ふる》い分けおよび農場整理、堆肥積替、畜舎当直、石油乳剤調製、品評会審査事務

収穫　菜菔および収量調査

下種　牧草

観察　第五号田の一部に蕓苔の移植を行う。種類は大朝鮮、群馬大菜。畦間一尺八寸（５４㎝）にして株間二尺（６０㎝）なり。その他富山、肥後箒、佐伯、東京早生の四種は畦間九寸（２７㎝）、株間二尺（６０㎝）なり。右なる肥料は堆肥十二貫三百三十目（４６．２４㎏）、油粕五百三十三匁目（２．０㎏）、過燐酸石灰三貫三百三十三匁目（１２．５０㎏）を用いたり。移植の際北向きに傾斜せしめ植ゆ。

※蕓苔…なたね

下種　東番外第三号に牧草下種したり。

発芽　果樹園附属地の軟化栽培即ち「ウド」に堆肥を覆わせたり。その高さ三尺（９０㎝）くらいにして「ウド」はわずかに今芽を出せしのみなり。本校麦、わずかにして一分くらいなり。

明治三十九年　十二月四日　火曜

気象　晴天

配当　果樹害虫駆除、温床腐壊篩《ふる》い分け、畜舎手入

施肥　果樹（坦作梨）

収穫　第四号畑、葱、第十号畑、守口萊菔

業事　本日は果樹坦作梨。正門のコルドンバチカル、法外皆に施肥を行う肥料は堆肥にして一本に付一貫五百目（１．８７５㎏）宛なり。

観察　本日果樹園害虫駆除は苹果の線虫にして石油乳剤を布に浸して、これを以て虫の付きたるところを拭い去り駆除す。右石油乳剤の量は石鹸二十四匁目（９０ｇ）、石油一升（１．８ℓ）、水五合（０．９ℓ）を以て製せるものを水一升（１．８ℓ）に稀薄せしめて使用せり。
本日はまた第十四号畑なる春蒔葱を北方一間（１８０㎝）くらいを残して収穫す。その量を示せば左の如し。
下仁田葱十二貫八百目(４８㎏)。岩槻葱十一貫二百五十目(４２．１９㎏)、根深二十五貫（９３．７５㎏)、千住十五貫五百五十匁目（５８．３１㎏)、韮葱七貫六百目（２８．５０㎏)。

※苹果…りんご

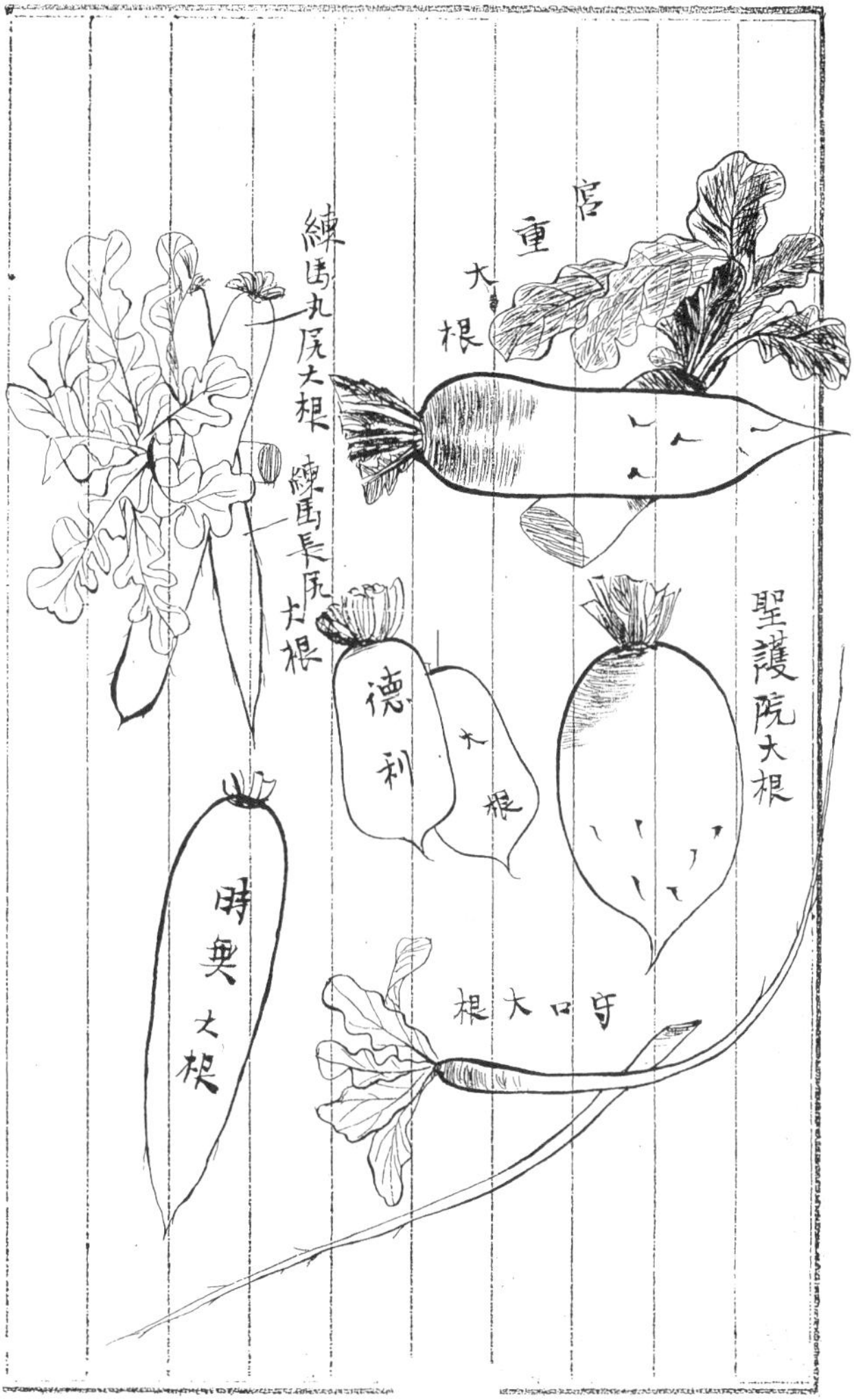
聖護院大根
宮重大根
守口大根
徳利大根
練馬丸尻大根
練馬長尻大根
時無大根

明治三十九年　十二月五日　水曜

気象　大霜降、晴天

配当　細土篩《ふる》い分け、および農場整理、畜舎手入、害虫駆除、標本整理、馬耕、葱販売

施肥　果樹

業事　本日は吾々は葱の販売に行きたり。一貫目（３．７５㎏）宛、韮葱も普通の葱も一貫目（３．７５㎏）宛平均八銭なり

観察　果樹の施肥は果樹園第一号桃を除く外、皆に行う。肥料は堆肥にして一本に付一貫五百目（５．６２５㎏）宛

本校第四号田なる小麦種類試験は、反当三升五合（６．３ℓ）の割合にして畦幅一尺八寸（５４㎝）とす。肥料は堆肥二百貫（７５０㎏）にして油粕八貫（３０㎏）、過燐酸石灰及び木灰は五貫（１８．７５㎏）宛にして追肥は人糞尿五十貫（１８７．５㎏）（二回分施）

本日は麦数本出でたり。

明治三十九年　十二月六日　木曜

気象　霜、晴天なりしが午後三時半頃に至り雨天となる

実習　休業

観察　東番外第二号畑、燕麦本日発芽す。その他変事なし。

本校家畜　兎

気象
配当
観察
施肥

兎は短毛種にして五匹なり。内一匹は鼠色を呈す。
鶏の種類及びその数をあぐれば

英国	三匹　牝
プリマウスロック	四匹　牡一匹、牝一匹、子二匹
バフコーチン	一匹　子
アンダルシャム	二匹　牡一匹、牝一匹
七面鳥	二匹　牡一匹、牝一匹
レグホン	一匹　牡
合計	十三匹

明治三十九年　十二月七日　金曜

霜降る、晴天

畜舎当直、温床整理、馬耕

葡萄、この肥料は堆肥にして、一本に付三貫三百目（12．375kg）宛施したり。施す際は葡萄の二尺五寸（75cm）くらいを離して円く掘り、所要の肥料を入れ、その上に覆土したり。

第十三号畑の一部分馬耕したり。

第十四号畑なる落葉松今や紅黄となり葉わずかに落ちたり。

本校家畜、豚

純血種ヨークシャ二匹。一匹は子にして牡なり。一つは親牝なり。

純血種バークシャ　無
半血バークシャ、四匹にして親牝豚一匹。外は仔豚にして牡一匹、二匹は牝豚なり。
半血ヨークシャ、牡にして種用なり。但し一匹。

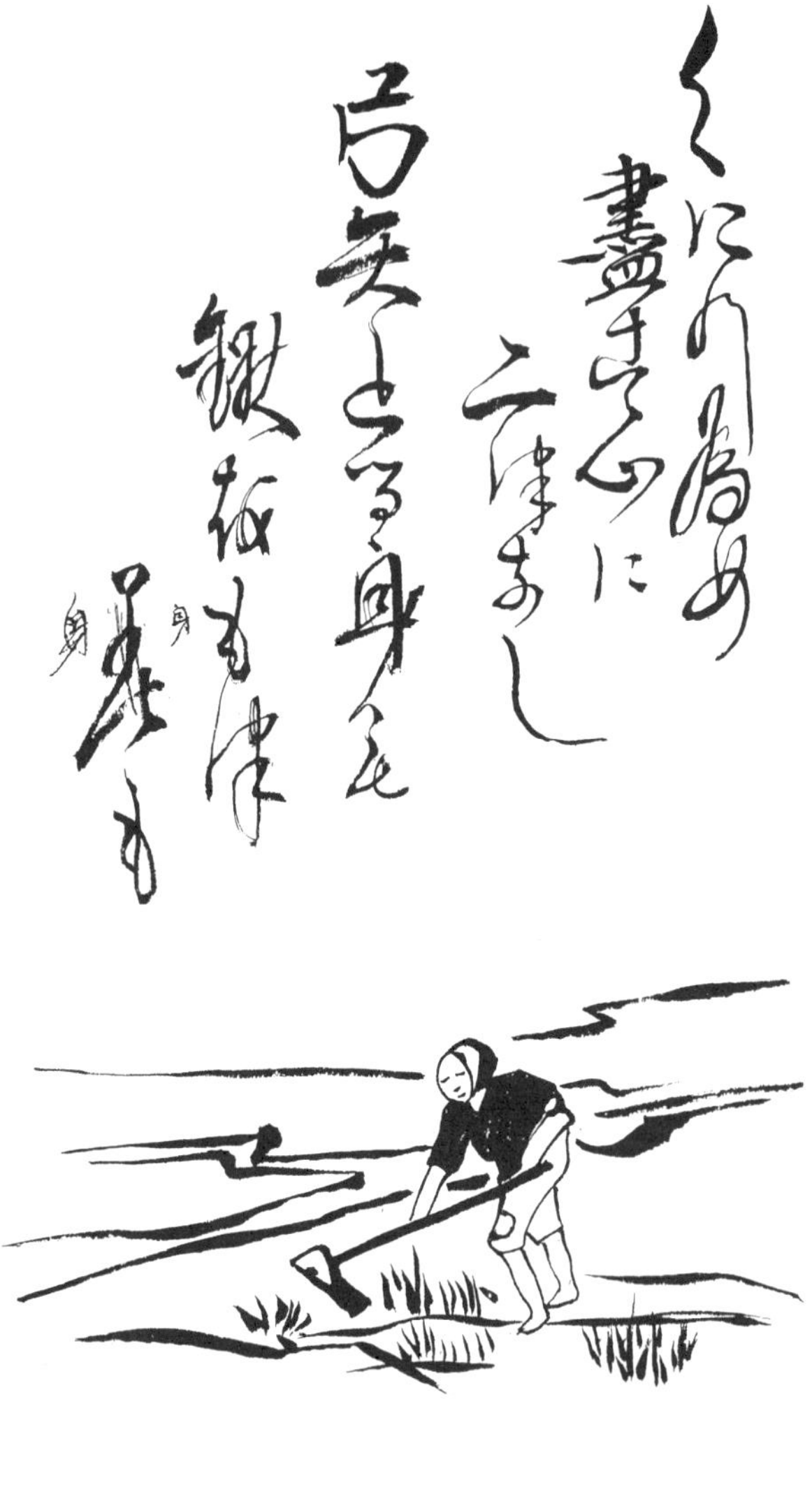

農場調査
麦作　立春二月四、五日（生育の斉否および状況、分蘖数、色沢、草丈等）
　　　春分三月三十一、二日
　　　立夏五月七日
稲作　大暑七月二十三日
　　　二百十日九月一、二日
　　　秋分九月二十三日
蔬菜その他移植の時、収穫の時

農場日誌　明治三十九年度　第三学期　自明治四十年一月十七日　至三月三十一日

明治四十年　一月十七日　木曜　晴天　降霜

業事

一、縄綯　一、菰編　一、堆肥積替　一、畜舎当直

一、第十号畑、桜島大根の収穫および貯蔵。早生十八貫三百六十目（６８．８５㎝）、中生九貫九百九十目(３３．４６㎏)、晩生十四貫七百七十目(５５．３９㎏）あり。

一、見本園桜島大根収穫および貯蔵および同園瑞典蕪菁収穫。早生十二貫四百六十目(４６．７２５㎏)、中生十三貫八百六十目(５８．３１２５㎏)、晩生九貫百二十目（３４．２０㎏)、蕪菁は二貫二百目（８．２５㎏）。右大根の貯蔵は茎部を切断し、さかさまになし相触れざる限り土を覆わせて、而して大根の上三寸（９㎝）くらいの深さまで覆土し、日陰所を撰び排水を便にす。

実習

一、苗圃の耕耡および施肥す。人糞尿十倍に加水したるものを一箇反当りに施肥す。

なし

明治四十年　一月十八日　金曜　晴天　降霜

業事　縄綯、石採取および縄綯、畜舎当直

実習　東番外、葱床除草施肥、はじめ手にて除草を行い、のち人糞尿一貫目（375kg）くらいを水五倍に稀薄となし葱の上部より振り掛けたり。而して七名にて五坪の地を二十分にて終わる。

明治四十年　一月十九日　土曜　曇天

実習　休業

特記　本校水田第二号に藺を定植せしは十二月九日なりという。農夫帰省

※藺《い》…いぐさ。畳表やゴザの素材。

明治四十年　一月二十日　日曜　午前曇り、午後二時より雨天となる

明治四十年　一月二十一日　月曜　午前曇り午後やや晴となる

業事　一、大豆粕砕き　一、畜舎当直　一、害虫駆除

一、籾種子塩水撰　比重一、一三なり。種類は雄町、五斗夜食、肥後坊主の三種にして、雄町は一斗五升（27ℓ）にして二升五合（4．5ℓ）の稃を生じたり。歩合即ちその稃は〇、〇一七なり。肥後坊主は一斗八升（32．4ℓ）くらいにして稃は三升（5．4ℓ）なり。五斗夜食は一斗

実習

五升（27ℓ）にして桴は二升三合（4．14ℓ）を生ず。その浮かびたる桴の歩合は〇、〇二五なり。本日塩水撰は左の理に依る。平常に於いて籾の撰種は下種前に行うを常とすれども右撰種は本郡各村役場或いは農会用の注文により本日行いたるなり。

一、苗圃耕除施肥。上なる耕除は土壌の風化作用を行わしめ、一つは害虫駆除の一助たらんため行いたるなり。施肥は下肥にして七、八倍の水に溶かし薄くして施用す。

縄綯。先ず小把としたる藁を、石の打台にて、木にて造れる藁打を以て打ち、程度は大抵藁の小束そのまま立てて見て、倒れる様になりたる時を以て度とし、後の適宜の場所に至り莚《むしろ》を敷き、その上にあぐらをなして据わり、それより藁稈小なるは四本、大なるは三本にて綯い、二次のところにて終わり、長さは凡そ三尺五寸（105㎝）くらいより四尺（120㎝）くらいなり。綯終わりは結び、而して次なるはこの結び残りに継ぐなり。而して次なる継ぎ目の時、左の足の指の間に挟むと同時に、結び終わりのところより切り離し一つとす。注意としては、先ず乱さざる様にして、あまりまた硬からざる様にすべしとなり。何となればこれにては猫畳を作るを以てなりと。またあまり節の付かざる様にすべしとなれども、はじめての縄綯にてははなはだ不良なりき。今日は五十分にて十六筋を綯いたり。

明治四十年　一月二十二日　火曜　晴天

業事

一、開墾跡地整地　一、害虫駆除　一、畜舎当直

実習

一、苗圃耕除施肥　一、馬耕

籾種塩水撰（品種竹成）

その方法は先ず水辺に場所を取り、三斗（54ℓ）桶に二斗（36ℓ）ばかり水を入れ、而して水一斗（18ℓ）に塩四升（7．2ℓ）の割、即ち塩二斗（36ℓ）を水を撹拌しつつ入れ、良く混合したりと覚しき時比重計を入れ、その比重を知る、即ち籾塩水撰に欲する比重一、一三なり。右なる分量にては大抵足らずという事なければ注意して行うべし。然る後種子を笊に入れ、それよりその桶に入れ、棒又は手にて良く撹拌し、浮かびたる稃《もみがら》は掬にて皆取りて他に移すなり。終われば笊のまま桶より取り上げ、ただちに清水にて洗い塩分を去り、後陰干しとなす。本日は籾一石五斗（270ℓ）を二組にて一時間を要して終わりを遂ぐ。

まず右について必要なる注意は作業敏速、適当なる塩水を造る事、即ちその比重を知る事、それよりただちに塩分を清水にて洗い去り、而して陰干しとなす事なり。

記事

塩水撰に就いて（米穀改良意見書中、妹尾忠三郎氏に依る）

塩水撰種法とは塩水または苦塩汁中に種子を投じ、その浮かびたるを去り、沈みたるものを取りて種子に供するの方法にして横井農学士の創意に係り、目下多量の種子を選択する場合に於いて最も有効なる方法として一般の是認するところなり。

塩水撰の方法は極めて簡単なるものにして、四斗（72ℓ）桶の如きもの

※横井農学士…横井時敬一八六〇～一九二七。明治・大正期の代表的な農学・農業経済学者。東京駒場農学校（現東大農学部）卒業。のち東大教授、東京農業大学初代学長。

に水を容れ、これに食塩を投じ、掻きまぜて食塩の全く溶くるを待ち、この桶の中にたやすく納れ得るだけの大さの笊器に、凡そ三分の一ないし二分の一まで種子を入れて、これを塩水中に浸し能く撹拌する時は、不良の種子はことごとく浮かび上がるにより、手或いは金網にてこれを掬い取りたる後、笊を引き上げ、塩水に沈みたるもののみを別器に集め清水にて洗うなり。食塩の分量は凡そ左の如し。

陸稲および水稲糯　水一斗（18ℓ）に付食塩二升（3．6ℓ）の割合

水稲粳　水一斗（18ℓ）に付食塩三升（5．4ℓ）の割合

食塩に代えて苦塩汁を用ふる時は左の如し

陸稲および水稲糯　普通の苦塩汁四分に水六分を混合す

水稲粳　普通の苦塩汁と水とを等分に混合す

事業実習

明治四十年　一月二十三日　水曜　晴天

一、縄綯　一、畜舎当直　一、昆虫実習　一、温床設定

麦踏

その方法は至って簡単なるものにて、ただ足にて麦の上を抑うるが如くにして、丁寧に圧し行くなり。踏み行くにはその作線の方向に向かい二本宛踏み行くあり。或いは畦一本を横向きとなり踏み行くものもあり。この麦踏なるものに最も注意すべき事は、晴天にして土地乾燥したる時行い、また足には凹あるゆえ、なるべく踏面の均一を計るべく古鞋の如き踏み慣せ

るものを着けるを要す。またなるべく丁寧を旨とし茎葉を磨傷せざる様にすべし。

本日は十九人にて六反半以上の田畑の麦を、五十分間ばかりにて踏み終わりたり。

明治四十年　一月二十四日　木曜　晴天、降霜

業事

一、開墾　一、塩水撰　一、接木準備　一、果樹園手入　一、畜舎当直

実習

砂運び

本日の砂は吾々の運動場の高飛器械の下に入るるものなれば、免田川原に至り小なる砂のみ取りて、他の大なる石は篩《ふるい》に掛け除去し、それを持ち来り運動場に広げたり。車一輛を一時間にて小砂篩より運搬および広げ迄終わりを遂げたり。

明治四十年　一月二十五日　金曜　午前雨後曇る

業事

一、接木実習　一、昆虫学実習　一、畜舎当直

実習

なし

記事

水蜜桃について（大日本農会二八五号農学士小貫信太郎氏に依る）

今や水蜜桃正に花蕾を生ぜり。この時に当たり「しんくい」虫の一種鱗翅類の幼虫主にその花蕾に蝕入して、果実を結ぶ事能わざるに至る事ありと

※小貫信太郎…明治期の昆虫学者。明治三十六年「改訂農用昆虫学教科書」を著わす。

云う。これ気候の関係等多ければ最も注意すべしと。右予防法は被害蕾を摘除するは勿論、未熟にして落下する果実はことごとくこれを拾集して深く地中を掘りこれに埋むべしという。

明治四十年　一月二十六日　土曜　雨天

実習　校友会にてなし

明治四十年　一月二十七日　日曜　晴天

記事（農業世界に依る）人造肥料の所含成分量

種別	水分	窒素	燐酸	加里
過燐酸石灰上製	一五、〇	〇	一九、八	〇、五
過燐酸石灰中製	一二、〇	〇	一五、〇	〇、三
硝酸アンモニア	四、〇	二〇、五〇	〇	〇
智利硝石	二、六	一五、五〇	〇	〇
硝酸ポッシウム	?	一三、六五	〇	四六、〇
硝酸曹達	〇、九〇	一四、九〇	〇	一六、一

重過燐酸石灰は最濃厚にして普通百分中四十ないし四十五分の燐酸を含有すという。

明治四十年　一月二十八日　月曜　曇天なりしも微雨少々あり

業事実習

一、蕃椒、煙草調製　一、畜舎当直
縄綯　前二十一日に同じ本日も五十分間ばかり十六筋綯いたり

実習記事

明治四十年　一月二十九日　火曜　午前雨天、午後曇天
本日は品評会褒賞授与のため休業
鶏の飼料について　農友第十三号ＹＡ生氏に依る
一、玉蜀黍。脂肪に富んでおるから、これを食用鶏に与える時には大層肥満して利益であるが、卵用鶏に用いると産卵を減じ、また時として柔らかなる卵を産む事がある。
二、小麦。産卵用鶏に与える時は産卵を多くす。
三、米。玄米を与えるを良とす。
四、麩。産卵を多くする性があるから沢山与うるも差し支えなし。
五、馬鈴薯また甘藷。貴重なる飼料にして種々なる飼料中滋養分の高い割に安価なので、また鶏も好みて食するゆえ沢山与えるを良とす。ことに馬鈴薯は甘藷に比較し滋養分のあるものなれば卵用鶏に与えて妙なり。
六、動物質飼料。動物質の飼料は各種の飼料中最も貴重なるものにしてその効用を左に述ぶべし。
ａ．産卵用を多くしかつ冬季の産卵を促す
ｂ．成長を速からしむ
ｃ．蕃殖用鶏の勢力を盛ならしむ

※貴重なる…ここでは「得がたい」の意。

d．卵の風味をよくす
e．小魚類骨粉を多く含むものを与うれば骨格の生成を完全ならしむ
f．昆虫類は成育産卵には最も有益なる飼料なり
g．冬期は産卵する事少なきゆえ、肉類を与うる時は常に等しく産卵するものなり　なお外にあるも後日に書すべし

実習記事

明治四十年　一月三十日　水曜　午前晴天、午後晴天

本日は孝明天皇祭にて授業ともになし
大根干葉の良法を問う　農友（泉村某生）に依る
良法として格別耳新しきものなしと雖も、先ず大根より葉を切り取り直ちに湯に浸して後乾燥せしめ、十分に干上がらば俵に入れ貯蔵するを良とす。

※孝明天皇祭…孝明天皇は明治天皇の父。幕末の天皇。一八六七年一月三十日に死去。その日を記念して祭日とした。

配当

明治四十年　一月三十一日　木曜　晴天、寒風烈し。四方山は雪なり

一、畜舎当直　一、葱の収穫　これは果樹園第二号間作なり
一、テニスコート作り　一、接木練習

実習

一、土当帰手入　土当帰は軟化法を行い高二、三尺（６０～９０㎝）、堆肥、藁、稃等を覆いありしが、本日は更に雨雪或いは日光の直射を避けんがため更に屋根を造り覆いをなしたり。
開墾

※軟化法…土当帰（うど）は古代から山菜として食されてきた。江戸時代に入ると畑で栽培し、土その他を盛り上げて若芽を軟化して利用する方法が生み出された。

避寒前二、三回開墾せし後を雑草を除去すべく開墾鍬或いは鍬を以て耕し、また風化作用を感ならしむ。而して雑草は持肥の土に乗せたり。

明治四十年　二月一日　午前大雪降、午後止む　金曜

業事　一、縄綯　一、簇折《まぶしおり》　一、油粕破き　一、畜舎当直

実習　柔道撃剣　一、二組のみ

明治四十年　二月二日　土曜　午前雪　一二三舞いたり、その後晴

実習　休業

明治四十年　二月三日　日曜　晴天、降霜

記事　イ．豚の飼料は何を良とするか（大日本農会報二八二号）
主に小麦麸、豆腐糟、魚の腹わた、醤油粕の如しもの最も良なるが如し。また椎の実も良飼料なり。
ロ．鶏をして冬期産卵を継続せしむる法（八鍬儀七郎）
一、冬期産卵種を飼養すべき事
一、多産の系統の牝鶏をえらぶこと　なるべく数代以前に溯《さかのぼ》りて累代多産たる血統のものたるべき事

※八鍬儀七郎…実用養鶏新書・全（T5）。最近畜産汎論教科書。畜産学教科書等の著作あり。

一、冬期産卵用の若牝鶏を得んため、その孵化期に注意すべき事
一、牝鶏は三歳以上ならざること、なるべく二歳以上たらざる事
一、鶏舎、運動場、器具等に注意する事
一、飼養上の注意
冬期割合に多き種類
プリマウスロック、ワイアンドット、オーピントン、フアベロール、ラングシヤン等なりとす。

明治四十年　二月四日　月曜　午前微雨、雪交じりて降り後休む、昨夜雪降る

業事　油粕破き　一、畜舎当直

実習　化学実験

明治四十年　二月五日　火曜　晴天

業事　大豆粕破き　簇折《まぶしおり》　一、獣医実習　一、温床土当帰手入

実習　畜舎当直
はじめ牛馬を外に出し繋ぎ置き、馬糞を出し、その敷物の新しくて糞尿に罹らず踏み切れざる藁の如きものは、出して日に乾し、後入るる様になし置く。而して板敷なるを以て良く掃き出し清潔にす。それより新しき敷物

業事実習

を入れ置くなり。牛馬は金櫛および毛櫛（はけ）を以て数度撫でて、良く塵埃を除き以て馬屋に入る。豚舎の掃除は豚を運動場所に出し置き、糞、敷物を出し良く掃き新敷物を入れ、後豚を入れ置く。鶏舎は只糞を掃き集め貯造場に置きしのみ、また水等も与へたり。牛馬、豚の糞は堆肥舎に運びたり。右馬二頭分、牛四頭分、豚十頭分、鶏舎六所を七名にて約一時間を要したり。

右外兎舎一所、鶏舎に同じ

右を行うに注意を要するは、なるべく清潔にし、家畜に接するには丁寧を旨として粗なる取扱を行うべからず。

明治四十年　二月六日　水曜　晴天結霜

一、畜舎当直　一、砂運び　一、大豆粕破き　一、撃剣

一、測樹実習　一、テニスコート作り

温床手入

温床の設定はこの間行いたるを以て、その温床内には手を入れざるも、その温床の側面なる土壌を深さ三尺（９０㎝）くらい（これは右の床の最下層に等し）掘りてこれに堆肥一尺七、八寸（５１〜５４㎝）まで中熟の堆肥を積み重ねて、その上に土一尺（３０㎝）くらい（これは地平線となるまで）覆い、而して下なる堆肥は温床内の堆肥と密接せしめ、土は温床なる板の高さとしその板にことごとく皆接しむ。

右堆肥および土をその温床の側に、又その堆肥と密接せしむ理はその温床内の温度を常に一定の温度に保つためなり。若し元の如くなし置く時は堆肥と土壌との間に空隙を生じ、以てその温度を不変致すの恐れあればなり。右温室半部分にて而もその両側なるを以て三十分位にして終わる。

右温室の発熱材料の積み方は、最下層に麦稈をそのままにして厚さ四寸（12㎝）くらいに積み、その上に最も良く熟せし堆肥を四寸（12㎝）の厚さに広げ、またその上に中熟堆肥三寸（9㎝）の厚さに振り広げ、なおまたその上に熟堆肥を四寸の厚さに広ぐ。最上層、即ち播面（床面）に細土四寸（12㎝）の厚さにて厚薄なき様注意して広ぐ。而して熟堆肥には木葉を三分の一混えたるものなりという。

右は西同一氏に依る

※西同一…明治三十六年四月より本校職員。

業事

実習

明治四十年　二月七日　木曜　晴天、寒気烈しく、氷終日溶けず

一、砂運び　一、テニスコート作り　一、猫伏編み

一、温床附近整理　一、畜舎当直　一、大豆粕破き

一、試験区麦作生育調査

堆肥積立

そもそも堆肥なるものは、その白く黴を生じたる時はその中の（アンモニア）逃れ去り、また最も大切なる「ヨーサンバクテリヤ」なる肥料中の塊が死するを以て、その肥料を如何に用うるともその効能なきものなり。故

記事

に本校に於いてはその堆肥に黴の生ぜざる内に堆み替えを行う。先ずその堆方の方法を示せば、厩肥を二、三尺（６０～９０㎝）の高さに積み、面を平くし、その際はなるべく丁寧に直立に積み行きてそれに水を大抵三分の二くらいに至ると思うまで注ぎて、上より足にて踏み付け、堅く「ブクブク」せざるまで踏み付けて、尚その後は右の如く順時に行う。注意、厩肥そのままなるは一週間ないし二週間内に積み替えざるべからず。この如く数回積み替、上熟肥となりたる後二十日ないし三十日内に積み替えればよろしという。

堆肥舎および堆肥について　　依　林田逸喜先生

堆肥舎を南向きに造る時はその入口より日光照り込み中なる堆肥に当たり、その堆肥中なる養分を失する恐れあるゆえ、北向きに造らざるべからず。而して日光の直射せざるところ、即ち陰の所にして風の通さざるところを良とす。その壁はなるだけ粘土にして、その厚さは一尺（３０㎝）以上にして下より次々にことごとく皆固く築き上ぐるを良とす。屋根は草葺にして棟無きを可とす。堆肥送し暖かくして白き菌の如き粉を生ずる時は、前説の通り最も重要なる「アンモニア」を失うゆえに、水を注ぎてその温度を低く常に湿気あらしめ、而してその肥の魂を逃がさざる事に勉めざるべからず。

明治四十年　二月八日　金曜　晴天、結霜

業事 実習

畑麦鎮圧

田麦鎮圧、鎮圧は前日に異ならざるも、あらたに覚えしは鎮圧はその作線上に直角に立ちて踏み行く事なり。ゆえに本日は直角に立ち横向きに踏む。この法を作線上に向かい踏み行くものに比すれば、効頗る多し。何となれば縦に踏み行く時は麦をことごとく皆踏み行く事能わざるなり。尚しも小さき人においてその足、作線内にあるを以て不可なりとす。これに反し本日の法は作線の横向きなるを以て小なる人と雖もその足、作線外に出る事なく、而してその前足において踏み残りたるものはその後足の一方にて踏むを以て踏残りなく、ゆえに可なりとす。

実習

明治四十年　二月九日　土曜　晴天、降霜

兎狩りにてなし

記事

明治四十年　二月十日　日曜　晴天

鶏中多く卵を産する品種　　農業教育雑法、四十号（紅林）

種類多き中にも、レグホン種は産卵用として最も著名なるものに属し、西洋にてはこの種を以て卵を造る器械なりという程なり。またバフコーチン、名古屋コーチンも産卵用としては著名なり。この外、ポーランド種（波蘭国の原産）、ハンバーク種（独国の原産）、ミノルカ種（地中海沿岸種）も

※兎狩り…明治、大正、昭和初期にはレクリエーション実利を兼ねて、網を用いた兎狩りが盛んに行われた。

※レグホン…地中海沿岸原産。米国、英国で改良。鶏の中で最高の卵用種。

※コーチン…中国原産の大型肉用鶏。我国の名古屋種の作成に用いられた。

※ポーランド…ポーリッシュともいわれる。ポーランド原産の鶏で、毛冠が?色の愛玩用種。

産卵用として名高きものなり。またアンダルシヤン種の如きも産卵用として名高く近年これが飼養もようやく盛んなるに至れり。

明治四十年　二月十一日　月曜　午前雨天後晴

記事

本日は紀元節にて休み

蘭の肥料に就いて　農学士吉村清尚

一、三要素の割合、窒素七百目（2．625kg）、燐酸三貫目（11．25kg）、加里二貫目（7．5kg）

一、肥料

a．堆肥百貫（375kg）、大豆粕九十貫（337．5kg）、過燐酸石灰十二貫（45kg）

b．堆肥百貫、菜種油粕百二十貫（450kg）、下肥二百貫（750kg）

c．堆肥百貫、硫曹第十一号六十五貫（243．75kg）

d．堆肥百貫、大豆粕三十五貫（131．25kg）、硫曹第十一号肥料四十貫（150kg）

一、用法

肥料中、堆肥木灰等は元肥に全量を施し、他の速効肥料は四、五回くらいに分用すべし。その方法ははじめに少しく、作物の成長進むにつれ、ようやくその分量を増加するを普通とす。

※ミノルカ…地中海沿岸原産。本来は卵用種。我国では愛玩種。

※アンダルシヤン…地中海沿岸原産。本来は卵用種。羽は青色。

※紀元節…神武天皇即位の日とされた二月十一日。戦後は「建国記念の日」となった。

※吉村清尚…農学者。広島高等農林学校教授。鹿児島高等農林学校二代校長。「生物栄養化学」大正十二年。「農用定性分析」大正九年。

実習　明治四十年　二月十二日　火曜　晴天　旧十二月三十日
休業

実習　明治四十年　二月十三日　水曜　晴、午後やや曇りて風烈しく寒し
旧暦元旦にて休み

配当　明治四十年　二月十四日　木曜　晴天
温床南側地整理、温床垣作り、テニスコート作り、畜舎手入れ、猫伏編み、大豆粕破き、測樹実習
実習
砂運び。先日に同じ。而して本日は一組のみにして車一輛曳《ひ》き来る。七名にて一時間半ばかりを費やせり。

配当　明治四十年　二月十五日　金曜　晴天、結霜
砂運び、大豆粕破き、畜舎当直、猫伏編み、堆肥積立
実習
テニスコート作り
コートの区劃を六、七寸（18～21㎝）掘り、これに七、八分（21～24㎝）の板、巾五、六寸（15～18㎝）のものをその七、八分の面を出

して埋《いけ》たり。即ちその面は線の代わりなり。その他高低あるを平均したり。

明治四十年　二月十六日　土曜　晴天、結霜

実習　休業

記事　なし

明治四十年　二月十七日　日曜　雨天、夜雪

実習　休業

明治四十年　二月十八日　月曜　晴天

実習　休業

明治四十年　二月十九日　火曜　晴天、霜薄し

実習　休業

記事　麦類斑葉病予防法　長野県農事試験場報告

a．この病菌は目下知らるるところによれば、麦の黒穂と同じくはじめその胞子の麦種子に附着せるものが種子の発芽と同時に発生管を抽出して、麦の幼芽の組織中に侵入するものなるがゆえに、播下すべき種子は必ず冷

※斑葉病…種子により伝染する。果皮内や種子に付着した病原菌は、発芽とともに子葉鞘などに侵入し、つぎつぎと葉の基部を侵す。葉が展開すると菌のいる部分が条になる。種子が最も感染しやすいのは乳熟期であるので、乳熟初期に雨が多いと発病が増加する。また、播種が遅く播種期の気温が低いと発病が多くなる。特に二条ムギでの発生が多く、裸麦は少ない。

水温湯浸法を行うべし。罹る時は予防する事を得べし。

b．この病の発生したる麦畑より収穫したる種子は、播種用として使用せざる事

c．木灰一升（1．8ℓ）に温湯一升（1．8ℓ）ないし三升（5．4ℓ）を投じて製したる灰汁に種子を一昼夜浸漬して、陽乾したる後採下すべし

若し右ことごとく皆行う時は大抵予防する事を得るという。

※冷水温湯浸法…麦の黒穂病予防のための種子消毒法。18℃で3時間浸漬したのちに55℃で5分間浸漬する。

明治四十年　二月二十日　水曜　午前晴天、午後曇天

実習　休業

明治四十年　二月二十一日　木曜　午前晴天、午後曇りしが雪ぱらぱらせり

業事　一、簇折り　一、猫伏用縄綯　一、大豆粕破き　一、畜舎当直

実習　各自麦作中耕施肥

始め肥後鍬を以てその畦の作線の間、即ち作間を良く耕して、後その作線に肥料〔下肥二十五貫（93．75kg）（反当）一人前七百五十目（2．8125kg）宛〕施したり。施すにはその上より散布するは不可なれども、麦未だ小なるを以て仕方無くその麦の上より散施す。中耕をなす時は良くその土壌をして膨軟の状態を保たしめ、根の蔓延を便にす。而して麦の中

※中耕…種子が芽を出した後に浅く耕すこと。

記事

耕はこのたびが初めてなるを以て、やや深く打ち耕し、いわゆるその下部の土をなるべく上方になし、風化作用を盛んならしめたり。而して中耕を先に行いたるは、その肥料をしてその土中に侵入せしめてその養分散失を防がんがためなり。

中耕の利益　林内逸喜氏に依る

中耕は除草的利あり。また旱魃の害を防ぎ養分の流失を防ぎ、またその養分をして土中に入らしむ。或いは風化作用を盛んにするの効ありと。

明治四十年　二月二十三日　土曜　晴天

実習

休業

明治四十年　二月二十四日　日曜　晴天、暖かにして近来稀なる好日和

記事

なし

明治四十年　二月二十五日　月曜　晴天、暖かなり

業事

一、西畑および東畑、燕麦、油菜中耕　一、東第二号番外畑、整地

実習

本日は中耕なりしも、吾は農具当直なりしを以て記す事なし

記事

中耕と期節との関係　林田先生

中耕は作物の根のことごとく皆着いてよりその傍らの土を動かすも、何等の害を与えざる様になりてより行うべし。これ最始の中耕なり。最後の中耕なるものは成長期の中頃までなす。而して麦作りの如き成長期の長きものにありては、その成長期の終わりまでよろしという。何れも作物に依りて考え考えて而して行わざるべからずとなり。

明治四十年　二月二十六日　火曜　曇天

業事
一、テニスコート整理　一、西畑第二号および東畑第十三号、第十四号、中耕　一、畜舎当直　一、温床設定　一、猫伏編み　一、大豆粕砕き

実習
砂運び。先日実習の通り、免田川より運動場に入れる小砂運びたり。而して七名にてアゴ六個を一時間に運び来たれり。

明治四十年　二月二十七日　水曜　晴天、結霜

業事
一、砂運び　一、畜舎当直　一、果樹剪定

実習
校庭整理
本日は運動場の高低あるをやや平均ならしめたり

明治四十年　二月二十八日　木曜　晴天、寒し

業事
実習
記事

校庭整理、簇折、果樹剪定
畜舎当直、二月五日の実習に同じ
本校掲示、畜舎管理について
一、総て家畜に対しては親切丁寧を主として粗暴の取扱をなすべからず。
一、器具器械の取扱および畜舎保護に意を留めるべし。
一、畜舎内或いは構内において動物に危険の患ある釘その他の物品は務めて取り除くべし。
一、飼料を与え飼槽その他養器類は食後直ちに取出し、清潔に洗洒すべし。
一、飼料は同料を一定の時に供すべし。
一、畜舎の洒掃は毎日一回行うべし。ただし鶏舎は一週間に一回石灰を撒布すべし。
一、畜舎手入れは毎日一回行うといえども、労働せしものにありては二回以上行うべし。手入れ中、その畜類の性質を変悪ならしむる事あるゆえに、ことにこの点に注意すべし。
一、飼養者の性質は家畜に良くその関係を及ぼすものなるがゆえに、愛情を持って親しむべし。
一、家畜の肥痩は飼料に依るは勿論なりといえども、また飼養者の取扱に関するや最も大なるがゆえに、甚だこの点に注意を払わざるべからず。

※洒掃…水をまき、ほうきではわくこと。

明治四十年　三月一日　金曜日　晴天、寒風烈し

畜舎当直、テニスコート作り

簇折。本日造りしものは折簇および蜈蚣簇なり。折簇の作りし方法より先ず述べんに、折簇は器械を使用すると、折簇を用うるとの二つなり。器械製法は器械に依らざれば方法を記し難し。依って折簇台にての方法を記す。先ず、その台の構造は、三寸（９㎝）巾ばかりの板にて厚さ一寸（３㎝）くらい、長さは二尺五寸（７５㎝）くらい、折るところには四本の釘を立てたり。その釘の長さは四、五寸（１２〜１５㎝）くらいなり。

上図は上面より見たるものなり。

※簇《まぶし》…蚕が繭を作る足場にする蚕具。わらを三角の山形に折ったものや、木や竹の小枝を束ねたものもある。

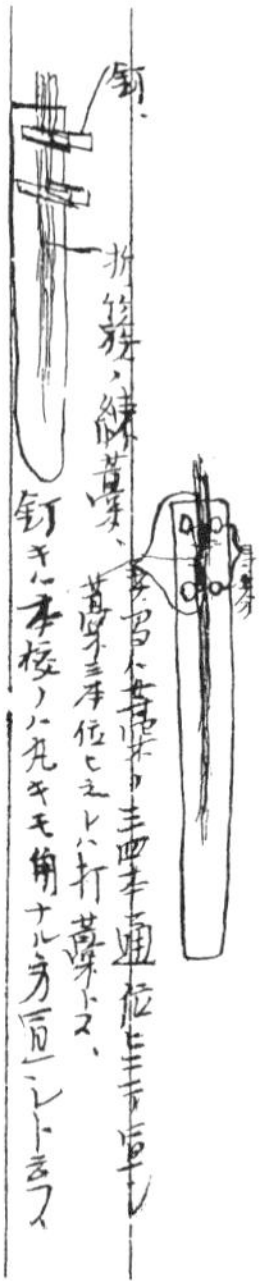

さてその台にその台の縦に、即ち右図の如く柔らしく打ちたる藁を二本、或いは三本置き、これにその三寸五分（１０．５㎝）くらいの巾なる釘との間に、その上に藁を折るものなり。而して折る時は竹の節無きものを用いて、折るものはその釘の外部に当てて藁を折り漸々高く積み行くものなり。而してその丈は二本にて折る際、両方に育てるものにしてその三度目にそのはじめの竹を抜きてそれにて折り行くものとす。いよいよその鞘まで折りたる時は、はじめに縦に敷き置きたる藁を取り、その木釘より離してそれにことごとく皆堅く練るなり。而してこれは農閑の時製し置くを良しとすという。故に今頃は余り仕業もなければ折るに適季ならんか。

記事

蜈蚣簇ははじめ小さき縄を二尋綯いて後、その中央より折り折りし、一寸（３㎝）ばかりのところを一結び、結びて、それを動かざる釘に掛け、それより益々堅く、よりを入れて、それよりそのまま真直に引き居りて、その縄の間に藁を挟み置き、而してその手元に近き方より漸々綯い行く時は立派なる簇を得。右なる挟藁ははじめ普通の長さの藁を取り、適当なる大抵六寸（１８㎝）ばかりの長さにして藁の長さだけ練り、而してその間を切断し以て六寸（１８㎝）ばかりの藁となす。挟藁即ちこれなり。この蜈蚣簇に最も注意すべきはその綯の不同なきしを要す。

右簇折りははじめての事にてわずかしか出来ざりし。

折簇と蜈蚣簇の比較につき　池松先生

蜈蚣簇は一度造り置かば三年くらいは用立つを以て、折簇に比し暇を要する事なくまた藁について僅少なるを以て益ありと云う。然しながら折簇は藁を多く費やし毎年造らざるべからずに依り、益なしといえども、病蚕の多きところにおいては、その前のを再び簇とし用うる時はこれに附著し居りし病菌またこれの後なる蚕に移り大なる損を来す事ありという。ゆえに折簇を可とすという。この頃に至り蚕病の多く発生する様になりてより大抵この折簇を使用すという。折簇皆一度き焼き棄つるなり。

※池松逸雄…本校教諭（農業）明治三十九年六月～明治四十年十月

明治四十年　三月二日　土曜日　晴天、結霜寒風烈し

実習

休業

明治四十年　三月三日　日曜日　晴天、結霜

記事

なし

明治四十年　三月四日　月曜日　午後やや曇り、夕方晴れたり

業事

一、簇折　一、畜舎当直

実習

校庭整理、西畑に近接せる校庭を、高低あるを平になしたり。

その他農に関係なきを以て略す。

明治四十年　三月五日　火曜日　晴天、少々結霜

業事

一、校庭整理　一、畜舎当直

実習

簇折。その方法は先日に同じ。而して折簇台は不完全なるところありしを以て、更にこのところにその寸法を示すべし。

左図は本校のものの寸法を採りしものなり。

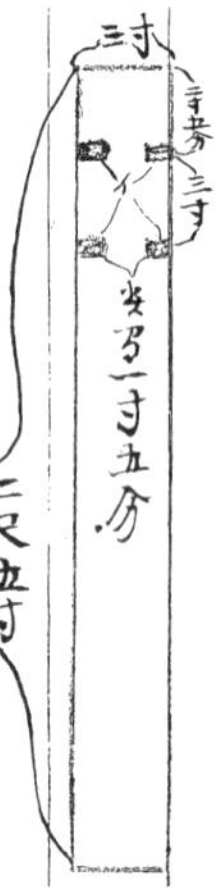

台木の厚さは八分（2．4㎝）なり。

（イ）と記せしものは釘にして円し。長さは三寸五分（10．5㎝）あり。

本日は蜈蚣簇のみ作りたり。はじめ藁打ちそれを綯い而して二尋のところ

※蜈蚣簇…蜈蚣簇（むかでまぶし）。撚簇（よりまぶし）。縄をより、わらをはさんでつくったまぶし。

※二尋《ふたひろ》…一尋は六尺（一・八二メートル）したがって二尋は三・六四メートル。

記事

実習事業

にて二つに折りてその上に切りし藁（その長さは本日造りしものは五、六寸（15〜18㎝）なりしもその蚕架に応じて加減すべし）を乗せて造るにそれに最も注意を要するは、一、はじめの「より」を良く入れ置く事一、短く切りし藁を上に乗せてより、その際の「より」即ち蜈蚣の足の如くなす時、充分引きながらそれを綯う事　一、綯う際は上方になし綯う事。何となれば若し横にして綯う時はその切藁蔓まきをなす事あるを以てなり　一、その切り藁を挟む際、その切藁をその綯の中央に置き、而してそれは長短なく、その端を揃えざるべからず。故に藁を切る際長短なき様せざるべからず。本日は一時間にわずかに三つを造りたり。

簇台は本校なるはその板の厚さ八分（2.4㎝）なるを以て、折る都合悪しという。ゆえにその板幅は厚きを良しとす。また木釘と木釘の間一寸五分（4.5㎝）なるを、余り広過ぎ練藁をしてその簇の片側にあらしむる事あり。ゆえにその練藁を中央にするには、その間を狭くせざるべからずという。それをまた狭くなすには、その木釘を大ならしめざるべからず。而してその釘は円ければその間を広くするのみならず、その簇の良く揃わずという。故にその釘は四角或いは長方形を良しとすという。またその釘の三寸五分（10.5㎝）にてはやや短き感あるを以て尚五分（1.5㎝）くらい長きを良とす。

明治四十年　三月六日　水曜日、晴天結霜

業事

実習

記事

一、簇折　一、果樹誘枝　一、果樹園整理　一、畜舎当直　一、猫伏編み

校庭整理。

本日は運動場なる西北隅にありし茶樹を西洋開墾鍬にて掘り取りたり。その後は高き場所を削り取り低所に埋む。而して芝の生ぜし高きところは芝剥ぎの稽古するに足れり。その他先日よりの実習に同じ。

葡萄籬造法如何および剪枝について　（農業世界）

栽植後に三芽を残し先端を剪り、これより二枝を発せしめて支柱に結び、翌年の春各枝に二、三芽宛を残して先端を剪り二枝宛を発せしめ、その翌年亦各梢に二枝ずつを発せしむ。かくして年々枝数を増し適宜の数にてこれを止む。ただし梢端は常に支柱に結び付くべし。いづれの籬造りも凡てこの法によるものなり。

終わり

※農業世界…明治大正期に博文館より出された農業雑誌。

鍬楽のたゝみせ打ゞのか槌とり
よきものゝ愛は得らるへからす
急らずもあよりきすゝ鋤鍬の
ひのきはも玉のゝきをとゝまる

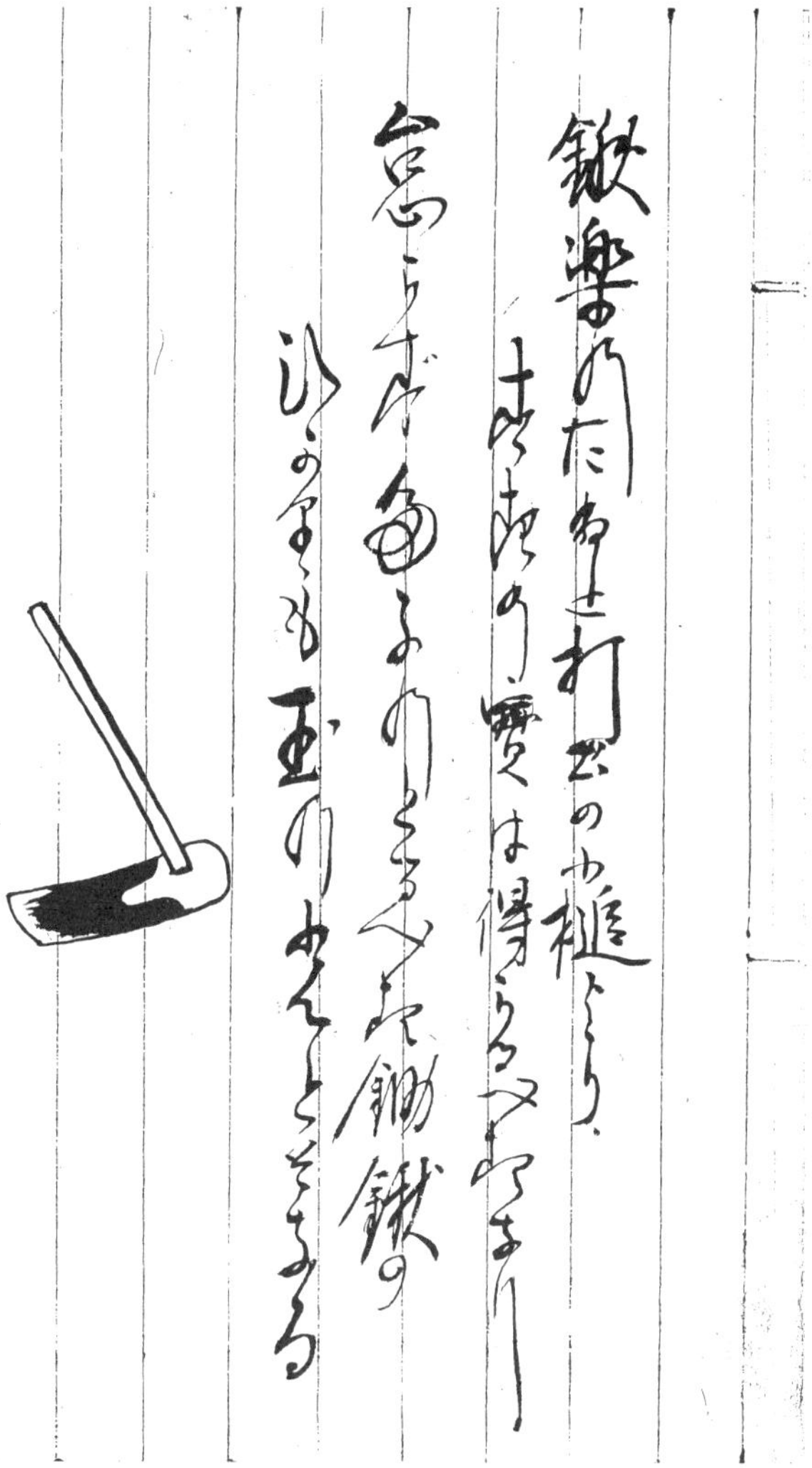

第三学期日誌　終結

解　題

『農場日誌』の時代背景
――明治農政と明治農法の展開過程――

友田清彦

一　はじめに

『農場日誌』は明治三十九年（一九〇六）四月から書き始められている。この明治三十年代という時代は、わが国農政史上における一大画期であり、また明治農法の体系化においても重要な時代であった。明治農法とは、明治末期から大正期にかけて確立され、その後、第二次世界大戦が終わり、経済の高度成長が開始されるに至るまで、日本農業の生産力的骨格をなした農業技術の体系である。まずは明治期における農政と農法の展開についてごく大雑把に概観し、ついで『農場日誌』がどのような時代背景の中で記されたのかについて明らかにしよう。

二　明治前半期における農政の展開

明治維新後しばらくの間は、農政史上における混迷の時代であり、ようやく組織的・系統的な農政が展開されはじめるのは、岩倉使節団の米欧回覧やウィーン万国博覧会への日本政府の参加を通じて、大久保利通らが殖産興業の基本方向を打ち出す明治六年（一八七三）ころからである。同年に内務省が創設され、同省勧業寮、のち勧農局が中心となって勧農政策が展開された。この時期の農政の特徴は、きわめて大雑把に括れば、「泰西農法」（欧米農法）直輸入的な色彩が濃いこと、および政府自らが模範農場等を創設して事業を展開するという官業主導＝直接保護型の政策展開であることに求められる。

明治十四年（一八八一）内務省勧農局に代わって、新たに農商務省が創設される。農政の方向は、「泰西農法」（欧米農法）直輸入から、稲作や養蚕を中心とした在来農事の改良へと転換し、また官営事業の多くは民間に払い下げられ、農事改良の主体も民間へと移譲された。すなわち直接保護から間接保護への方針転換であり、老農と呼ばれた在地の農村指導者たちが活躍する時代の始まりであった。

ただし、この明治十年代半ば以降、二十年代前半までの時期は、松方デフレの影響もあり、農村は疲弊し、農政が沈滞した時代でもある。そのような中で、特筆すべき出来事としては、明治十七年（一八八四）における『興業意見』の刊行が挙げられる。農商務省大書記官前田正名の企画と指導力によって実現した厖大な調査である。各種の産業統計、農家経済の状況等々について記録し、その後の産業政策展開に重要な資料的根拠を提供した。

やがて、明治十八年（一八八五）頃には松方デフレは終熄に向かい、いわゆる企業勃興が始まる。しかし、この企業勃興も根の浅いもので、明治二十二年（一八八九）秋から二十三年（一八九〇）にかけて、早くも最初の資本主義的恐慌にみまわれることになる。

このような中、明治二十四年（一八九一）、農学会から『興農論策』が刊行された。同書は、明治二十年代後半から三十年代にかけての農政展開の大きな指針となった。『興農論策』が農業振興の手段としてとくに強調したのが「直接間接の農業教育」であった。具体的には農学校、農事試験場、巡回講授、農会その他を挙げ、その系統的な整備拡充とそのための国庫補助等の必要などについて提言している。

農学校については、①農区農学校（入学者は十八歳以上で尋常中学校卒業の学力ある者）を五校、②当時すでに宮城、石川、大阪、鳥取、山口、高知の六県に設けられていたような地方農学校（同十五歳以上、尋常中学校第二年級卒業の学力ある者）を各府県に一校、③改正学校令の高等小学農科専修科および農業補習学校に相当するような郡村農学校（同十三歳以上、尋常小学校卒業の者）を各府県の郡村に設けるとする提案で、経常費と創業費について、その全部ないし一部を国庫や地方税から支出するとしている。また、農事試験場についても、①東京に中央試験場、②仙台、石川、岡山、熊本に農区試験場、③府県試験場ならびに試作地を各府県に一か所以上を置くものとし、その費用は国庫ならびに地方税から支出するものとしている。さらに、農会についても、①中央農会、②府県農会、③郡農会、④郡農会支部（町村もしくは聯合町村）という系統農会の構想を打ち出しており、これらの提言は、その後における農政の展開の中で、基本的には実現されていくことになる。

例えば、農事試験場については、『興農論策』の起草委員の一人であった沢野淳（初代農事試験場長）の強いイニシアティヴのもと、明治二十六年（一八九三）に農事試験場官制が公布され、農商務省農事試験場が発足する。前身である農務局仮試験場を農事試験場本場とし、宮城、石川、大阪、広島、徳島、熊本に六つの支場が置かれたのである。農事試験場体制の本格的出発であった。また、翌二十七年（一八九四）には府県農事試験場設置規定が訓令によって定められ、農商務省農事試験場との連携が定められている。

なお、『興農論策』を刊行した明治二十四年（一八九一）、農学会はこの年、第二帝国議会に内務省から提案された信用組合法案に関する同会の批判的見解を、農学会評議員高橋昌・横井時敬合著『信用組合論　附生産組合及経済組合ニ関スル意見』として刊行しており、同書も後に実現する産業組合法の前史として極めて重要である。

明治二十年代前半にはこのような動きがあったが、やがて明治二十七年（一八九四）、日清戦争が始まる。このときから、明治三十七・三十八年（一九〇四・〇五）の日露戦争に至る時代、すなわち日清・日露戦間期こそ明治農政が確立をみた時期であった。

三　明治農政の確立と明治農法の体系化

日清・日露戦間期は、明治農政の確立期であると同時に、日本経済史上、日本資本主義の体制的な整備の時期でもあった。また、明治三十一年（一八九八）の民法施行によって地主制が法制の上で最終的に確立され、豪農経営の凋落傾向が顕在化し始めるのもこの時期である。

このころ、農商務省にあって実質的に農政実務を指導したのは酒勾常明である。酒勾は、明治十三年（一八八〇）駒場農学校（現、東京大学農学部）農学科、同十六年（一八八三）同校農芸化学科を卒業後、農商務省御用掛、駒場農学校助教、帝国大学農科大学助教授・教授、兼任農商務技師、農務局第一課長などを歴任、明治二十五年（一八九二）には北海道庁財務長に転任、とくに稲作の普及に尽力し、北海道稲作の基礎を築いた。明治三十年（一八九七）、官制改革で北海道庁殖民事務長を廃官となったため、翌三十一年（一八九八）農商務省に復帰、同省書記官・農政課長（一時農務局長代理）となった。明治三十六年（一九〇三）には農務局長に任ぜられ、同三十九年（一九〇六）に退官するまで、農政に辣腕をふるい名農務局長と謳われた。

酒勾常明の農政課長時代には、重要法案が次々に成立した。明治三十二年（一八九九）には耕地整理法（いわゆる旧法）、肥料取締法、農会法、府県農事試験場国庫補助法など、翌三十三年（一九〇〇）には産業組合法、重要物産同業組合法、産牛馬組合法などである。このうち、農会法は、前述した『興農論策』の系統農会構想の一部（府県農会—郡農会—町村農会）を実現したものであったし、府県農事試験場国庫補助法は、明治二十七年（一八九四）に定められた府県農事試験場設置規定を完成させ、府県における農事試験場の設立を強力に後押しする役割を果たした。さらに、産業組合法は、これも前述した明治二十四年（一八九一）における農学会の見解、すなわち高橋昌・横井時敬合著『信用組合論　附生産組合及経済組合ニ関スル意見』が具体的な形として実現をみたものであった。

農学校をみると、明治二十七年（一八九四）に農商務省が農事講習所規程を公布したが、他方で文部省も明治二十六年（一八九三）に実業補習学校規程、翌二十七年（一八九四）に実業教育費国庫補助法と簡易農学校規程を公布したため、多くの農事講習所が簡易農学校に改組された。さらに、明治三十二年（一八九九）になると実業学校令が公布され、これにより農業学校規程が公布、簡易農学校規程は廃止された。中等農業教育の本格的出発である。また、高等農業教育については、すでに東京帝国大学農科大学（現、東京大学農学部）および札幌農学校（現、北海道大学農学部）が存在していたが、さらに明治三十一年（一八九八）に東京帝国大学農科大学実科（現、東京農工大学農学部）、翌三十二年（一八九九）に東京帝国大学農科大学附属農業教員養成所（東京教育大学農学部の前身）、同三十五年（一九〇二）に盛岡高等農林学校（現、岩手大学農学部）が設置され、また明治三十六年（一九〇三）の専門学校令により、官立では札幌農学校と盛岡高等農林学校、私立では大日本農会附属私立東京高等農学校（現、東京農業大学）が農業専門学校と規定された。ちなみに、札幌農学校が東北帝国大学農科大学となったのは明治四十年（一九〇七）である。

ところで、こうした農政の動き、農業教育行政の動きと並行するように、農業の現場でも明治農法の体系化に向けて、様々な動きが起こっていた。例えば、従来の魚肥に代わって満州大豆粕の輸入が日清戦争後に急増し、これにともなって購入肥料が増大したこと、神力など有力な水稲品種の普及が開始されたこと、福岡県の抱持立犂など無床犂による馬耕が全国へ普及しつつあったこと、馬耕の導入にともなって湿田の乾田化が促進されたこと、石川県方式の田区改正や静岡県方式の畦畔改良など耕地整理事業が進展したこと、正条植や塩水撰種法の普及が進められたことなどである。(1)

このような中、日露開戦直前の明治三十六年（一九〇三）十月、清浦奎吾農商務大臣から、次のような諭達が農会に対して発せられた。このときの農務局長は酒勾常明である。諭達では、「農産ノ改良増殖ニ関スル試験研究ハ農事試験場及其ノ他ノ機関ニ於テ著々歩ヲ進〆今ヤ実際ニ適用スヘキ成績少ナカラサルニ拘ハラス世間之ヲ実地ニ施行シテ効果ヲ挙タル者ノ多カラサルハ極メテ遺憾トスル所ナリ（中略）就中左ニ例示セル事項ハ其ノ実行最急ヲ要スルモノナルヲ以テ農会ハ須ラク地方ノ状況ニ応シ会員ニ向テ之ヲ奨励誘導シ又実行上ノ媒介ヲ為サザルヘカラス殊ニ第一乃至第五ノ事項ハ市町村農会ニ於テ規定ヲ設ケ会員ヲシテ挙テ之ヲ実行セシムルヲ期スヘシ」（農商務省農務局『戦時ニ於ケル農事奨励施設及成績』明治四十年〈一九〇七〉、三〜四頁）と述べている。ここに「実行最急ヲ要スルモノ」として挙げられた事項とは、①米麦種子の塩水撰、②麦黒穂の予防、③短冊形共同苗代、④通し苗代の廃止、⑤稲苗の正条植、⑥重要作物、果樹、蚕種等良種の繁殖、⑦良種牧草の栽培、⑧夏秋蚕用桑園の特設、⑨堆肥の改良、⑩良種農具の普及、⑪牛馬耕の実施、⑫家禽の飼養、⑬耕地整理の施行、⑭産業組合の設立の一四項目であった。このうち、①〜⑤がいわゆる農事必行事項である。その他の項目については、各府県により取捨選択、追加が行われ、その全体を農事督励事項とも呼んでいる。これら項目の多くは、明治農法と呼ばれる技術体系における基幹的な個別技術であった。

ここに見られるように、明治三十六年（一九〇三）頃にはすでに明治農法はひとつの農法として体系化され、一応の確立を見るのである。なお、その全国的普及に際しては、系統農会組織が動員されたが、日露戦時体制下ということもあり、官憲による強制が伴う場合も多く、当時の警官はサーベルを下げていたため「サーベル農政」とも称された。次節で見るように、熊本県でも菊池郡で、正条植の強制に反対して騒擾事件が起こっている。明治農法の一応の確立と言っても、個別農業技術の普及には不均等性があり、地域における浸透の違いが見られるのである。

四　日清・日露戦間期の熊本農業

ここで、犬童信義編『改訂・近代熊本農業年表　明治篇』（一九七六年、共同体社、四二〜五七頁）より、日清・日露戦間期における熊本県農政史・農業教育史上の重要な出来事を抜き出してみよう。なお、抽出に際しては文章の一部に修正を加えた。

・明治二十八年（一八九五）　郡農会七、町村農会三五が設立された（二月）。県訓令甲第八十六号をもって県郡町村農会に関する訓示があった（八月）。上益城郡・鹿本郡農会が設立された（十一月）。

・明治二十九年（一八九六）　阿蘇郡農会が設立された（一月）。各郡農会から選出された四一名の議員をもって熊本県農会が設立された。

・明治三十年（一八九七）　県訓令甲第十四号農事試験場補助規程により上益城郡滝川村大字辺田見に農事試験場

を設置し、三十三年まで継続した。さらに三十四年白旗村大字早川に農事試験場を設け農事巡回教師兼場長を置いた（四月）。県令により苗代を短冊型にし、塩水撰・薄蒔苗代・施肥改善を励行させた（十二月）。

・明治三十一年（一八九八） 肥後米輸出同業組合が創立され、輸出米検査をはじめた（四・六月）。

・明治三十二年（一八九九） 県令第三号を以て熊本県立農業学校学則が発布された。初代校長河村九淵は以後七か年にわたり稲作改良を提唱し、乱雑植を正条植に改め、燐酸肥料の施用や塩水撰などをすすめた（三月）。農会令及び農会法に基づき玉名郡農会が組織され、以来各町村農会の組織を勧奨し三十三年までに設立した。球磨郡農会が組織された。

・明治三十三年（一九〇〇） 熊本農業学校が熊本県第一農業学校と改称、同年六月熊本農業学校と改称した（四月）。熊本県農会が勅令第三十号農会令に基づく系統農会として継承認可された（六月）。県は苗代を短冊型にすべき旨布達した。菊池郡農会が組織された。

・明治三十四年（一九〇一） 飽託郡内田村・球磨郡多良木村は耕地整理の認可をうけ、着工した（四月）。熊本県第二農業学校が開校し、十月熊本県阿蘇農業学校と改称した（五月）。

・明治三十五年（一九〇二） 山鹿町の金物道具商大津末次郎の出願した「肥後コ犂」[2]が特許を得た（四月）。下益城郡隈庄町・玉名郡鍋村外二か村は耕地整理の認可をうけ、着工した（四・十月）。冨田甚平[3]が県農会の請求により耕地整理・排水工事奨励のため各郡出張講話を嘱託された（七月）。県は耕地整理補助規程を設けて設計及び工事費に補助を与え、また県農会は奨励費を計上し、設計を補助して指導奨励に努めた。

・明治三十六年（一九〇三） 県立熊本農業学校球磨分校が球磨郡上村に設立された（四月）。阿蘇郡山田村・菊池郡龍門村は耕地整理の認可をうけ、着工した（五・十月）。冨田甚平が水閘土管を発明した。菊池北部農業学校が設立された（九月）。

・明治三十七年（一九〇四） 阿蘇郡尾ケ石村・同南小国村牛ケ藪・下益城郡豊福村・菊池郡西合志村・鹿本郡山鹿

町等は耕地整理の認可をうけ、着工した（二〜十二月）。県は塩水撰・採種田・種子交換・共同苗代・正条植・競犂会・緑肥大豆・紫雲英・螟虫駆除の九項目を督励事項に指定した。県農会は日露戦役記念を名として稲の正条植及び籾種子塩水撰を施行した。菊池郡は本年以降三十九年までに督励委員等を配して全郡に正条植を推進した。農民は反抗運動を展開して騒擾事件を引き起こし、地方によっては警察権の発動を見た。

・明治三十八年（一九〇五）　阿蘇郡南小国村赤馬場・飽託郡中原村・菊池郡砦村戸口等は耕地整理の認可をうけ、着工した（二〜十二月）。熊本農業学校球磨分校が球磨農業学校と改称した（四月）。県農会の請求により富田甚平が耕地整理・排水工事・麦作改良講話のため各郡出張を嘱託された（八月）。阿蘇郡小国地方にも正条植と籾種塩水撰が普及しはじめた。下益城郡農会が模範共同苗代補助規程を制定、また採種田を西砥用村に設置して岡山・兵庫両県から神力・雄町を移入栽培した。大日本農会が改良牛馬耕犂を募集し、大津末次郎の「肥後コ犂」が三等に入選した。

見られるように、日清・日露戦間期、熊本県農業界では農会、農学校、耕地整理、農事督励事項の実施等々について、活発な動きを示した。農会について、ここでは県農会・郡農会の記述しか載せなかったが、町村農会も多数設立されている。前出の『戦時ニ於ケル農事奨励施設及成績』は、明治三十八年（一九〇五）における熊本県農事督励事項の成績概要として「米種子ノ塩水撰、麦黒穂ノ予防、共同苗代、稲苗ノ正条植、緑肥ノ栽培ハ何レモ前年ニ比シ増加シタリ、麦種子ノ塩水撰モ稍多ク実行セラレ短冊形苗代ハ殆ムト全部実行ヲ見ルニ至リ又堆肥ノ改良ヲ実行シタルモノ多」（一一五頁）いと報告している。

ところで、『農場日誌』の明治三十九年（一九〇六）六月十日の条には、次のような記述が見られる。すなわち、「本日は休日を幸に朝より原口君の家に田植えに行きたり。田植えの有様を見るに誠に粗放的にして因循なる事。未だ縄張り馴れざる為か其の抜の非常に不眞直なり。（中略）或処の田には昔の様に習い縄張らざる処あり。此くの如きは実に惜しむべき次第にて改良の方法を教えざれば国家経済上大いに不利なりと思う。誠に地方の農業発達せざるは惜むべきの大なり」というもので、農家での正条植に関する批判的記述である。この他にも、『農場日誌』には、塩水撰や麦黒穂、堆肥改良など、農事督励事項に関する記述が何カ所か出てくる。『農場日誌』は、球磨農業学校という一つの農学校の農場における実習記録ではあるが、それだけには止まらず、当時の熊本県農業の現実をもかいま見ることができる記録となっているのである。

五　おわりに

農政史上、重要な法案が、明治三十二・三十三年（一八九九・一九〇〇）に相次いで成立をみたことは前述したが、それが名実ともに整備されるのは、明治三十年代末から四十年代初めにかけてである。すなわち、農会法の勅令改正により会員の強制加入が実現したのが明治三十八年（一九〇五）、法改正により全国農事会の事業を引き受けて中央組織としての帝国農会が創設され、これを頂点とする系統組織（帝国農会―府県農会―郡農会―町村農会）が完成したのが明治四十三年（一九一〇）である。また、産業組合法が改正され、信用組合の販購利用事業兼営が法認されたのが明治三十九年（一九〇六）、産業組合法の第二次改正により産業組合中央会が設立されたのが同四十二年（一九〇九）であった。さらに、区画整理を主眼とした耕地整理旧法に灌漑排水に関する設備ならびに工事が目的として追加されたのが明治三十八年（一九〇五）、区画整理よりも灌漑排水を中心とする、いわゆる耕地整理新法が誕生したのが明治四十二年（一九〇九）であった。これらの法改正によって、明治農政は最終的な総仕上げが行われた。『農場日誌』が記された時代は、まさにこのような時代であったのである。

注

(1) 塩水撰種法は、駒場農学校農学科を酒勺常明と同期で卒業した熊本県出身の横井時敬が発明した、塩水の比重を利用して種籾を選ぶ方法である。横井は東京帝国大学農科大学教授、東京農業大学初代学長などを務めた。

(2) 熊本県鹿本郡山鹿町付近の数村では、古くから短床犁が使用されていた。これを改良したのが、大津末次郎の肥後㋑犂である。

この犂は、近代的単用短床犂の原型としてわが国農業技術史上、高く評価されている。

（3）冨田甚平は熊本県菊池郡の出身で、早くから暗渠排水に関する研究に従事し、その発明になる水閘土管による方法は冨田式暗渠排水法として全国に知られた。

（筆者・東京農業大学教授）

おわりに

荒毛千代蔵氏の「農場日誌」との出会いは、平成十七年四月、私が本校着任後間もない頃のことでした。そもそも本校は、戦後間もない昭和二十五年八月八日の深夜に発生した火災により、本館、教室棟、講堂が全焼しており、その折に古い記録、資料等は灰燼に帰したと聞いていました。歴史専攻の自分としては大変残念に思っていたところでもあり、本校資料館でこの「農場日誌」を発見したときは小躍りする思いでした。荒毛氏が晩年に本校に寄贈されたものと思われます。解読の課程で様々な発見があり、編集委員会のメンバー一同新鮮な感動を何度も味わうことが出来ました。巻頭のカラー写真にも在りますように、明治三十九年五月二十二日の日誌の記述内容に基づいて再現された校門前の花壇の美しさは、感動的なものでした。また、即座に花壇の再生復活に取り組むことが出来たところに、農業関係高校の強みを感じたものです。

日誌の活字化作業を進めるに当たり全面的にご支援くださった本校同窓会に対し、心より感謝申し上げます。またこの日誌の持つ学問的な意義について解説してくださった東京農業大学の友田清彦教授に厚く感謝申し上げますとともに、こうした出版物の刊行を引き受けていただいた（株）同成社にも深くお礼を申し上げます。

本書が我が国近代初頭の農業教育史・農業技術史研究の進展に資するとともに、現代の農業関係高校に学ぶ生徒諸君への学問的刺激となることを期待して、任を終えたいと思います。

平成二十年二月

編集委員会幹事　片岡正実

なお編集委員会のメンバーは左記の通りです（肩書きは本書刊行現在）

片岡正実（熊本県立南稜高等学校校長）

白柿耕一（熊本県立八代農業高等学校・泉分校教頭）
寶生献一（熊本県立人吉高等学校主任事務長）
増村健治（熊本県立南稜高等学校教諭・農場長）
山下　智（熊本県立南稜高等学校教諭・畜産担当）
前田　豊（熊本県立南稜高等学校教諭・果樹担当）
久保聡美（熊本県立南稜高等学校教諭・理科担当）
郷　和晃（熊本県立宇土高等学校教諭・書道担当）
松倉敬子（熊本県立済々黌高等学校講師・理科担当）
西田弘恵（熊本県立南稜高等学校3年・畜産専攻）
棚嵜大輔（熊本県立南稜高等学校3年・野菜専攻）

明治三十九年《めいじさんじゅうくねん》の農場日誌《のうじょうにっし》

2008年3月20日発行

編　者　球磨農業学校農場日誌
　　　　編集委員会
発行者　山　脇　洋　亮
印　刷　モリモト印刷㈱

発行所　東京都千代田区飯田橋
　　　　4-4-8 東京中央ビル内　㈱同成社
TEL　03-3239-1467　振替 00140-0-20618

ISBN978-4-88621-429-4　C3021